中国绿色校园与绿色建筑知识普及教材

绿色校园与未来　3

（供初中起始年级使用）

中国绿色建筑与节能专业委员会绿色校园学组　编著

中国建筑工业出版社

图书在版编目（CIP）数据

绿色校园与未来 3（供初中起始年级使用）/中国绿色建筑
与节能专业委员会绿色校园学组编著. —北京：中国建筑工业
出版社，2015.4
中国绿色校园与绿色建筑知识普及教材
ISBN 978-7-112-17956-5

Ⅰ.①绿…　Ⅱ.①中…　Ⅲ.①学校－教育建筑－节能设计－
教材　Ⅳ.①TU244

中国版本图书馆CIP数据核字（2015）第054040号

责任编辑：杨　虹
责任校对：姜小莲　刘　钰

中国绿色校园与绿色建筑知识普及教材
绿色校园与未来　3
（供初中起始年级使用）
中国绿色建筑与节能专业委员会绿色校园学组　编著

*

中国建筑工业出版社出版、发行（北京西郊百万庄）
各地新华书店、建筑书店经销
北京嘉泰利德公司制版
北京缤索印刷有限公司印刷

*

开本：787×1092毫米　1/16　印张：7½　字数：170千字
2016年5月第一版　2016年5月第一次印刷
定价：30.00 元
ISBN 978-7-112-17956-5
（27209）

内容简介

　　《绿色校园与未来3》，供全日制初中起始年级使用；旨在引导学生负责任地探究校园、社区及城市环境，思考人类行为与全球环境变化的关系，鼓励学生从自身的学习生活做起，承担地球公民的环境责任。

　　本册编写团队主要由上海市长宁区少年科技指导站、中国福利会少年宫、上海市娄山中学、上海市延安初级中学、上海市曹杨第二中学、华东师范大学第二附属中学及华东师范大学环境教育中心等组成。

《绿色校园与未来3》项目支持机构与单位：

能源基金会

WWF（世界自然基金会）

方兴地产（中国）有限公司

《绿色校园与未来3》项目总协调组织：

同济大学

如有任何问题，请联络中国绿色建筑与节能专业委员会绿色校园学组：

http://www.greencampus.org.cn

《绿色校园与未来3》编制工作组

主　编

吴志强

顾　问

王有为　何镜堂　刘加平　张锦秋

编委会成员（按姓氏笔画排列）

王　海　严黎炜　吴有红　张　琦
张卫平　周　静　郑思晨　寇　瑾

编务协调

汪滋淞　王　倩

校　对

张　磊

审　稿

陈胜庆　陈大路　黄昌顺　穆怀泽　郭　锋
张慧芳　睢晓康　李敬国　孙美玲

技术咨询

田　炜　田慧峰　夏　麟　范宏武

美术编辑

张雪青　杜晓君　丁　玥　孔博雯

序　言

绿色校园的梦想

校园是国家未来领袖和未来社会主人的摇篮。中国今天共有各级各类学校 50 多万所，全国各级各类学历教育在校生为 2.63 亿人，比上年增加 333 万人。其中初中为 54000 多所，在校学生人数为 5000 多万人，在职教师为 350 多万人，校舍面积为 4.6 亿平方米。校园是培养造就下一代的地方，是文明传承与创新的家园。校园是否绿色、环保、低碳，直接关系着祖国下一代的健康，也影响着民族下一代的精神面貌和价值观。看看今天的校园能否绿色，就知道明天一个国家能否绿色；看看今天的学校能否可持续，就知道一个民族的明天能否可持续。

绿色学校应统筹考虑节能、节水、节地、节材和环境保护等不同要求，保障学生和教职员工健康，加强学校运行管理。更为重要的是，绿色校园也是培养学生的绿色生态文明价值观，使其走向生态文明的鲜活教材。

本教材旨在培养学生生态文明素养，使学生能够初步分析环境问题的产生并思考解决问题的思路，认识到人类社会必须走可持续发展的道路，自觉采取对环境友善的行动。本教材引导学生负责任地探究校园、社区及城市环境，思考人类行为与全球环境变化的关系，鼓励从自身的学习生活做起，承担地球公民的环境责任。

绿色教育，是中国学生培养创新的重要环节。本教材以生动活泼、富于启发的形式，培养学生的可持续创新能力和绿色生活习惯，建立绿色、节能的生活理念，培养从身边做起，带动身边的人一起参与社会的可持续发展的小小领导者。

二零一五年春于同济园

我是美美！

第一章
绿色校园

" 第一节
校园的环境

聚焦热点

　　英国的 Coleg Cymunedol Dderwenis 中学，由布里县和威尔士政府共同出资 3400 万英镑以高标准新建，是威尔士社区和教育建设的最大的单笔投资之一，以响应威尔士政府的"21 世纪学校倡议"。校区建筑面积约 14500 平方米，可容纳 1571 名 11 到 18 岁的学生，旨在创建一个学校建设的里程碑，为年轻人提供学习和社区活动场所。该校建筑具有环境和经济的双重可持续性。

　　校园建筑的绿色特点主要包括：热电联产机组（为学校供电）、屋顶光伏系统（太阳能热利用）、雨水和污水收集系统、自然通风系统、生物燃料驱动的锅炉（提供整个学校的地暖）、使用了超过 15％的再生材料及 90％以上的再生来源材料。

图 1　英国 Coleg Cymunedol Dderwenis 中学
资料来源：互联网.

绿色校园（Green Campus）是指结合绿色文明教育，创造健康的生活和教育环境，以达到提高能效、节约水源、保护资源、集约土地、提高环境质量等目标的教学社区。

资料来源：中国绿色建筑与节能专业委员会绿色校园学组 http://greencampus.org.cn.

【思考讨论】

英国的 Coleg Cymunedol Dderwenis 中学与我们学校相比，他们做得比较好方面有：

_____

_____

我们学校在为师生提供健康、适用、节能减排等保护环境方面做得比较好方面：

_____

_____

请登录绿色校园学组网站 www.greencampus.org.cn 看一看，如果我们学校要参加绿色校园的评比，可以在哪些方面改进？

_____

_____

资料库

生均学校用地指标：小学每生用地不低于 21.8 平方米，中学每生用地不低于 28.8 平方米，用地紧张地区或市中心，小学每生用地不低于 11 平方米，中学每生用地不低于 12 平方米。

学校绿地率：是指学校各类绿地（含公共绿地、宿舍区绿地、学校附属绿地、防护绿地、风景林地等）总面积占学校面积的比率。如学校各个角落里面的绿化都算在内。学校的绿地率不低于 35%，公共绿地面积小学每生不低于 0.5 平方米，中学每生不低于 1 平方米。

资料来源：中国绿色建筑与节能专业委员会《绿色校园评价标准》.

同学们进行观察和探究实践，考察本校的环境是否符合绿色校园的要求。请同学们分成小组，选取以下不同的活动进行调查。

活动 1　学校用地调查

　　学校的节地和绿化情况，主要通过学校的生均学校用地和绿地率两个方面来反映。通过调查，完成下表数据（或老师提供学校环境的相关数据，在课堂完成表中的数据分析，再去学校实地考察）

表 1　学校相关环境调查

项目	调查内容	相关数据分析
学生人数	学生人数为____人	
土地面积	现土地面积约____平方米	生均学校用地（　）平方米 / 人 ____（填大于、小于或等于）28.8平方米
绿地面积	现绿地面积约____平方米	学校绿地率为（　　%） ____（填大于、小于或等于）35%

【调查结果分析和讨论】

1. 我们的学校生均学校用地和绿地率两方面是否符合绿色校园指标中的用地和绿地率要求？

_____

_____

2. 校园的绿化面积大与小你认为与学校环境有关联吗？绿色植物对校园环境有什么作用呢？

我认为校园的绿化面积大于或小于_____

绿色植物在校园里可以_____；

可以_____。

绿色校园推荐植物

（植物名称按汉语拼音首字母排序）

编号	植物名称	拉丁名	科属	生活型
01	八角金盘	Fatsia japonica	五加科	常绿灌木
02	白玉兰	Magnolia denudata	木兰科	落叶乔木
03	布迪椰子	Butia capitata	棕榈科	常绿乔木
04	茶梅	Gamellia sasangua	山茶科	常绿灌木
05	常春藤	Hedera nepalensis	五加科	常绿藤本
06	常春油麻藤	Mucuna sempervirens	豆科	常绿藤本
07	池杉	Taxodium ascendens	杉科	落叶乔木
08	垂柳	Salix babylonica	杨柳科	落叶乔木
09	垂丝海棠	Malus halliana	蔷薇科	落叶乔木
10	刺槐	Pobinia pseudoacacia	豆科	落叶乔木
11	大花六道木	Abelia × grandi flora	忍冬科	常绿灌木
12	大吴风草	Farfugium japonicum	菊科	多年生草本
13	棣棠	Kerria japonica	蔷薇科	落叶灌木
14	杜鹃花	Rhododendron simsii	杜鹃花科	常绿灌木
15	杜英	Elaeocarpus sylvestris	杜英科	常绿乔木
16	枫香	Liquidambar formosana	金缕梅科	落叶乔木
17	枫杨	Pterocarya stenoptera	胡桃科	落叶乔木
18	凤尾兰	Yucca gloriosa	百合科	常绿灌木
19	凤尾竹	Bambusa multiplex cv.Nana	禾本科	常绿灌木
20	枸骨	Ilex cornuta	冬青科	常绿灌木或小乔木

还有更多绿色校园推荐植物，请登录中国绿色校园学组网站 www.greencampus.org.cn 查看。

活动2　校园中不同区域温度的对比

在学校教室外的水泥地表面和校园绿化地带各选择一个区域，同时进行温度的测定，然后比较两个地方的温度有什么差异，并分析其中的原因。

表2　（夏季/冬季）校园中不同区域温度调查

地点	早上（　　）时的温度	中午（　　）时的温度	晚上（　　）时的温度
水泥地表面			
绿化地带			

（本活动可以分夏季和冬季进行，绿化带的选择最好是常绿植物）

在校园温度测定的结果中，看到一天中绿化地带的温度要比水泥地带的温度＿＿＿（高/低），说明＿＿＿＿＿＿。

【观察与讨论】

校园有些场地不适合种植树木，如停车场等，观察下面两幅插图，请同学从节地的角度考虑，采取哪种方法比较好？

我的建议是＿＿＿＿＿＿＿＿＿＿＿＿＿＿＿＿＿＿＿＿＿＿＿＿＿

＿＿＿＿＿＿＿＿＿＿＿＿＿＿＿＿＿＿＿＿＿＿＿＿＿＿＿＿＿＿＿

＿＿＿＿＿＿＿＿＿＿＿＿＿＿＿＿＿＿＿＿＿＿＿＿。

图2　地下停车场
资料来源：百度图片.

图3　铺设护草砖的停车场
资料来源：作者自摄.

校园有些地方有裸露的水泥地面或者有水塘，不适合种植任何植物，但是白天阳光很强烈，有时候又有大风，从环境保护和节能的角度考虑，我认为可以＿＿＿＿＿

＿＿＿＿＿＿＿＿＿。

图4 利用太阳能和风能发电的风光互补型路灯
资料来源：百度图片.

资料库

立体绿化： 是指充分利用城市和校园建、构筑物的各式立地条件，选择攀援植物或其他适用植载，并生长、攀援、依附或悬挂于建、构筑物之上的绿化形式，包括立交桥、河道堤坝、房屋顶、空中花园、阳台、建筑墙面、坡面、门庭、花架、棚架、廊、柱、栅栏、枯树及各种假山与建筑设施上的绿化。

不过，立体绿化具有一些不同于地面绿的特点，例如：阳台面积小、空气流通快、墙面辐射大、水分蒸发快，给管理带来了很大的不便。

图5 室内的立体绿化
资料来源：百度图片.

图6 室外的立体绿化场
资料来源：作者自摄.

【观察与讨论】

1. 在我们学校的_____（地方），

有一块大约_____平方米面积的空地，

我建议可以_____。

2. 在我们学校的_____（地方），

有一块大约_____平方米面积的空地，

我建议可以_____。

活动 3　为学校植物挂名牌

　　学校有绿油油的草地，有郁郁葱葱的灌木，更有亭亭玉立的乔木，我们也可以为创建绿色校园出一份自己的力。我们可以以班级或个人的名义向学校提出认养申请。

　　校园中有些植物，如果不知道它们的名称，可上网搜索、去图书馆查资料或咨询老师。校园绿化以种植适宜当地气候和土壤条件的乡土植物为主，选用耐候性强、病虫害少、对人体无害、能体现良好生态环境和地域特点的植物。

【活动过程】

1. 请查出植物的名字，做植物名片：

【别名】：_____

【学名】：_____

【科名】：_____

【用途】：_____

白玉兰

【别名】：玉兰、望春花、玉兰花

【学名】：Magnolia denudata

【科名】：木兰科

【用途】：具有祛风散寒通窍、宣肺通鼻的功效。可用于头痛、鼻塞、急慢性鼻窦炎、过敏性鼻炎等。

2. 根据查阅的资料，说明哪些植物适合我们校园种植

在我所查的有关植物资料中，_____植物，在校园_____地方适合种植，具有_____作用，平时日常维护需要注意_____。

3. 向学校有关部门提出认养申请，注意定期维护

一旦认养了植物，认养人应真心喜欢并细心照料所认养的树木，定期为树木浇水、施肥、除草，清理树木周围的垃圾，为树木营造一个良好的生存环境。

【观察与讨论】

请根据对自己校园环境的观察和调查，从创建绿色校园的角度看，我们同学们中哪些行为是有利于校园良好环境的？哪些行为是不利的？

我认为_____做得比较好。

我认为_____行为是不利于我们学校创建绿色校园的。

同学们，积极行动起来，努力学习环境知识，增强保护环境意识，规范自己的行为；相信只要每个校园中的人都能够行动起来，我们的校园一定会成为美丽的绿色校园。

" 第二节
校园的建筑

聚焦热点

　　随着文明的不断积淀与发展，人们的生活空间也在历史长河中发生着巨大的变化。那建筑会朝着一个什么方向发展呢？未来的建筑会是什么样子的呢？

　　2010世博会给人们带来了很多启示，以"沪上·生态家"为例，它比同类建筑节能60%以上。屋顶安装"追光百叶"可以跟随太阳角度的变化而自动转变角度，一方面起到遮阳作用，另一方面反射环境光，提高室内照度。生态家中有一个电梯是可以能量回收的，在上上下下之间，所产生的能量不经意间被储存。建筑材料源于"垃圾"。铺砌的砖，是上海旧城改造时拖走的石库门砖头。内部的大量用砖是用"长江口淤积细沙"生产的淤泥空心砖和用工厂废料制造的砖头；石膏板是用工业废料制作的脱硫石膏板。此外，屋面是用竹子压制而成，竹子生长周期短，容易取材，可以避免木材资源的耗费。阳台制作也采取了"工厂预制、整体吊装"的方式，以把建造污染降到最低。

图1　2010世博会"沪上·生态家"

资料来源：中国2010年上海世博会官方网站 http://www.expo2010.cn/.

"绿色建筑"（Green Building）是以节能和环保为主题的，也叫生态建筑。建筑材料的选取不仅要考虑建筑物的外形美观、结构坚固、造价合理因素，还要综合考虑建筑物所在地的气候条件和物产资源等多种因素，尽力选取当地建材，利用当地资源，减少建筑材料在开采、制作和运输过程中的碳排放。另外，更要选择节能环保的绿色建筑材料，做到可回收循环利用。

资料来源：《绿色建筑评价标准》GB/T 50378—2006.

例如，2010世博会各场馆建筑各不相同，但却共同以"绿色建筑"为工作重点：有的在设计时就最大限度地降低传统类高消耗型建材的使用；有的大量采用废旧材料再加工而成的建筑材料，或充分利用钢、木头、玻璃等可回收再利用的材料；而有的则全面利用高科技合成类环保材料，用科技创新引领人类的可持续发展方向。

绿色建筑的材料的选取应该考虑哪些因素 :

A 外形
B 结构
C 造价
D 当地气候条件
E 当地物产资源
F 节能环保

请将考虑因素的程度从最重要到最不重要进行排序 :

1_____ 2_____ 3_____ 4_____ 5_____ 6_____

原因 :_____

【思考讨论】

从上述资料中我们了解到建筑材料与我们的学习生活环境有着密切关系，我们学校使用的建筑材料，是否符合绿色建筑的要求呢？校园所选择使用的建筑材料中在节能、透气和隔声等方面的表现又是否理想呢？

活动1　学校建筑材料使用的调查

观察一下我们学校的建筑材料，选择下面的建筑材料填在表中：

A 天然石料　B 陶瓷砖　C 水泥砖　D 塑料砖
E 木头　F 壁纸　G 装饰布　H 人造革　I 石膏　J 其他

表1　学校建筑材料使用的调查

	教室	走廊	实验室	礼堂	厕所	其他
地板						
墙壁						
屋顶						
门窗						
家具						
其他						

【想一想】

在学校的建筑材料中，使用最多的材料是____，它的特点：_____。符合 / 不符合绿色环保节能的建筑材料。

在学校的建筑材料中，我觉得_____方面的建筑材料，可以用其他绿色材料或者可回收利用材料来替代，例如_____。

活动2 学校建筑之间距离的调查

请在课前调查学校各个楼之间的间距，完成如下表格：

表2 学校建筑之间距离的调查

__楼（有__层）与__楼（有__层）	楼之间的间距_____（米）
__楼（有__层）与__楼（有__层）	楼之间的间距_____（米）
__楼（有__层）与__楼（有__层）	楼之间的间距_____（米）
__楼（有__层）与__楼（有__层）	楼之间的间距_____（米）

调查中发现，在两个楼之间，楼层多少与楼之间的间距有一定的规律，楼层越多，楼间距就_____。原因是：_____。

【辩一辩】

每个教室全天日照时间长有利于节能吗？
我认为如果每个教室全天的日照时间长，
那么_____。

我认为普通教室日照不应少于冬至日2小时就够了，
原因是_____。

资料库

住宅建筑间隔至少保证每家有一个或者两个房间在冬至日能有1小时的日照时间。以上海为例，要做到南面一排房子不挡后面的一排房子，距离一般要在高度的1.4倍以上，也就是说两排6层的住宅一般房屋高度为18米。它们之间的距离就应该达到25米以上，这样的话，住宅距离拉大了，同样大小的土地能造的房子就少了，所占用的土地就多了。但是上海能建房子的土地很少，这样建下去，土地完全不够用，满足不了市民希望住进新房子和城市发展的需要，因此不得不将这个距离缩小，使每家日照的时间相对减少。

冬至日是太阳的高度最低的时候，如果这一天有一小时日照，就可以保证杀灭细菌滋生的需要。这对建筑节能不是完全有利，但这是因我国的土地稀少珍贵而制定的不得已而为之的措施。某些城市因为纬度高、城市建筑本来就很密集等原因，这个标准很难达到。于是，也有一些地区以大寒日作为认定日照时间的日期。

资料来源：上海市未成年人科学素质行动第六批资料包之建筑节能 2008 年 4 月．

活动 3　教室建筑环境调查

1. 我们学校的教学楼一共有____层，每层平均有____个教室，每个教室面积____平方米，共有____学生，教室的人均占有面积是____平方米／人。我认为我们的教室面积人均占有面积____（是／否）合理，

原因：_____。

2. 教室里的人群相对比较集中，人体会产生热量，在冬天比较冷的情况下，教室不经常开窗通气有利于保暖，这样做可以吗？

_____

_____

_____

_____

3. 教室一般装有窗帘，主要有布窗帘和百叶窗帘，它们都可以改善屋内的舒适度。请分析一下，从采光、保温、通气等角度考虑，它们两者各有什么优缺点？

布窗帘_____效果好，但是_____效果差；

百叶窗帘_____效果好，但是_____效果差；

我们班级用的窗帘是_____，

它的优点是：_____，

缺点是_____。

资料库

空气是人体生命活动所不可缺少的物质。人体在维持自己生命活动的新陈代谢过程中，要不断地用口和鼻吸入空气，并不断呼出废气，我们从空气中吸取氧气，并放出二氧化碳，在呼出的气体中，所含的氧气和二氧化碳的比例，与吸进的空气相比，发生了很大变化：氧气减少了20%，而二氧化碳大约增加了100倍。

以空气中二氧化碳的浓度作为衡量空气污浊的尺度，一般认为，供给人体的新鲜空气量，每小时不能低于8.5立方米。

资料来源：上海市未成年人科学素质行动第六批资料包之建筑节能 2008年4月.

房间名称		换气次数（次/小时）
普通教室	小学	2.5
	初中	3.5
	高中	4.5
实验室		3.0
风雨操场		3.0
厕所		10.0
保健室		2.0
学生宿舍		2.5

图2 学校主要房间的最小换气次数

【思考讨论】

1. 为什么有关部门要对教室换气次数进行规定呢？如果不经常通风，会对我们学习环境和健康有哪些影响呢？

_____

2. 教室之间都比较近，如果经常开门通气，相互之间会有噪声影响，怎么样做比较合理？绿色校园对噪声的控制又有什么要求吗？

　　我认为_____

_____有利于换气，又有利于降低噪音对大家相互之间的影响。

资料库

什么是噪声

　　从环境保护的角度看，凡是影响人们正常学习、工作和休息的声音，即让人感觉烦躁的、"不需要的"声音都统称为噪声。从物理角度看，噪声是发声物体做无规则振动时发出的声音。噪声污染属于感觉公害，它与人们的主观意愿有关，因而它具有与其他公害不同的特点。噪声污染主要来源于交通运输、车辆鸣笛、工业噪音、建筑施工、社会噪声如音乐厅、高音喇叭、早市和人的大声说话等。

活动 4　体验噪声对我们学习环境的影响

　　强大的噪声会对人体健康产生暂时甚至永久性的伤害。科学家用分贝（dB）表示噪声的强度，数值越大，噪声越强。一般可使用声级计测量噪声强度。

资料库

不同强度的声源及对人体健康的影响

声源	噪声强度（dB）	对人体健康的影响
平静的呼吸声	0—10	没有影响
耳语	11—20	
平静的家庭生活环境	21—30	
教室安静上课的声音	31—40	
城市的深夜	41—50	没有明显影响
一般交谈	51—60	
公共场所交谈、营业中的商店	61—70	干扰谈话、精神不集中
交通繁忙的道路两侧	71—80	听神经细胞受到损害
大型车辆开过时	81—90	
火车开过	91—100	听力受损
较远处飞机起飞	101—110	难以忍受，暂时致聋
近处的雷声、炮声	大于120	听力永久性受损

1. 教室里噪声测量活动：

（1）老师提供一个声级计，用于测量噪声强度；

（2）学生按照下表格测量教室里不同环境下的噪声强度，并且根据第一感觉填写主观感受。

图 2　声级计

表 3　教室中不同条件下的噪声强度及人的主观感受

环境	噪声强度（dB）	主观感受 舒适 / 较舒适 / 一般 / 不舒适 / 很不舒适
打开窗户，保持安静		
关闭窗户，保持安静		
老师讲课		
窃窃私语		
小组讨论		
大声喧哗		

　　通过本次教室噪声测量，你感觉我们现在教室的学习环境是（安静 / 嘈杂）的环境，（有益于 / 不益于）我们的学习和身心健康。原因是＿＿＿＿＿＿＿＿＿＿＿

＿＿＿＿＿＿＿＿（学校建筑隔音材料 / 人为造成的）。

　　以前无视嘈杂的环境，是因为：＿＿＿＿＿＿＿＿＿＿＿

＿＿＿＿＿＿＿＿＿＿＿＿＿＿＿＿＿＿＿，我们现在应该为我们教室安静的学习环境做到：＿＿＿＿＿＿＿＿＿＿＿

＿＿＿＿＿＿＿＿＿＿＿＿＿＿＿＿＿＿＿＿＿＿＿。

2. 校园环境噪声测量

（1）在老师指导下对自己学校的噪声环境进行测量；

（2）学生按照下表格测量不同环境下的噪声强度并且根据第一感觉填写主观感受。

表4 校园各个场所的噪声调查

地点	噪声强度（dB）	主观感受（按表3的方法填写）
上课时教室		
下课时操场		
放学时校门口		
图书馆		
体育馆		
中午时饭厅		
下课时走廊或楼梯		
学校周围		

从校园噪声调查结果看，我们学校影响我们上课或休息的主要噪声源：＿＿。

其中与学校建筑材料有关方面：＿＿＿＿＿＿＿＿＿＿＿＿＿＿＿＿＿＿与我们学生自身有关方面：＿＿＿＿＿＿＿＿＿＿＿＿＿＿＿＿＿＿＿＿＿＿

为了安静的学习环境可以做哪些事情？

＿＿＿＿＿＿＿＿＿＿＿＿＿＿＿＿＿＿＿＿＿

＿＿＿＿＿＿＿＿＿＿＿＿＿＿＿＿＿＿＿＿＿

请根据调查结果，为学校制作一张噪声分布图，找出问题，并提出降低校园环境噪声的方案。

" 第三节
校园的碳排放

聚焦热点

2009 年 12 月 7 日，在丹麦哥本哈根气候大会开幕后第一场新闻发布会上，一位来自太平洋岛国斐济的女孩拉维塔站在主席台上说："我有一个希望，15 年后我可以有自己的孩子，我们会有一个家。而那时候我们还有一个美丽的岛屿。"她边说边擦去脸上的泪水，这一幕感动了无数人。

资料来源：http://politiken.dk.

想一想，议一议

1. 为什么这位小女孩会流泪？从这个小女孩的话语中，你能感觉到她在担忧什么？
2. 她为什么说 15 年后她需要有自己家，还有要他们自己的美丽的岛屿？
3. 从这小女孩话中感受到：我们地球是不是正面临环境危机呢？如果是，那是怎样的环境危机？其主要的"罪魁祸首"又是谁呢？

地球和我们周围环境恶化很大程度上是人类无序活动造成的，但也是可以防治的。除了科学家和工程师们积极采取各种治理技术、措施外，作为我们每一个普通人，如何配合他们一起来保护我们的生态环境，我们需要担当什么样的责任和义务呢？

通过电视、报纸、网络等媒体的传播，相信我们同学对于"低碳"这个词早已不陌生了，但是，你真的知道"低碳"是什么吗？我们又该怎么做才能做到低碳呢？

碳排放与碳足迹

化学元素"碳"，是自然界有机物的基本构成元素之一，也是石油、煤炭、木材等能源类的主要元素。近年来议论很多的"碳排放"其实在全球气候变化背景下人为温室气体排放的一个总称。

各种不同温室效应气体对地球温室效应的贡献度皆有所不同，但为了统一度量整体温室效应的结果，又因为二氧化碳是人类活动产生温室效应的主要气体，所以联合国规定以二氧化碳当量为度量温室效应的基本单位。由此，"二氧化碳"就成为了最为人所知的"温室气体"，"碳排放"也为世人所熟悉。"碳足迹"就是用来形象地表示机构或个人"碳排放量"的大小，"碳足迹"越大，其应当承担的气候责任就越大。

校园碳足迹的计算步骤：

1. 选择校园中的排放源（固定源如锅炉、各类电器设备等；移动源，如校车等；以及其他排放源）；
2. 统计每一排放源的活动数据；
3. 为该排放源选择恰当的碳排放因子（如锅炉选择其燃料的相关因子、电器选择当地电网的相关排放因子、校车选

择其使用油料的相关因子等等）

4. 按如下公式计算碳足迹：

校园碳足迹 = 活动数据 1× 碳排放因子 1 + … + 活动数据 n× 碳排放因子 n

资料库

碳足迹的估算

　　简单说来，人类"碳足迹"可以根据其使用来源分成"第一碳足迹"、"第二碳足迹"等。第一碳足迹是由于使用化石能源的直接排放，比如一个开私家车出行的人会有较多第一碳足迹；第二碳足迹是因为使用各类产品的间接排放，比如吃一包薯片，会因为它的生产和运输过程中产生的排放而带来第二碳足迹。因此，我们每个人都直接或间接地在排放温室气体，人为温室效应与每个人都有关联。

　　由此可见，碳足迹涉及许多因素，尤其是碳排放因子的科学计算，非常复杂。不过，个人要简要体验个人生活的碳足迹计算却并非难事。已经有许多网站或资料库提供了专门的"碳足迹计算器"，只要输入相关活动数据，就可以简单估算出你某种活动的碳足迹以及全年的碳足迹总量；你也可以自行选择适合当地情况的代表性系列碳排放因子，自行计算出一个周期内的碳足迹总量。

资料来源：《城市生活与低碳环保》，上海科学技术文献出版社 2013.

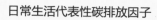

日常生活代表性碳排放因子

日常生活	碳排放因子	日常生活	碳排放因子
开空调	621 克 / 小时	洗热水澡	42 克 / 次
用自来水	194 克 / 吨	吃牛肉	36400 克 / 千克
乘电梯上下	218 克 / 层	外食便当	480 克 / 个
乘坐高速列车	50 克 / 千米	看电视	96 克 / 小时
使用木炭	3700 克 / 千克	使用天然气	2100 克 / 立方米
开车	220 克 / 千米	丢垃圾	2060 克 / 千克
乘公交车	80 克 / 千米	用笔记本电脑	13 克 / 小时

活动 1 校园碳排放源清单

请你在校园里走一圈，找一找校园里的碳排放源。

表1 教室里的碳排放源清单

地点 碳排放源	____年级____班
固定碳排放源	1. 2. 3. 4. 5.
移动碳排放源	1. 2. 3.
其他碳排放源	1. 2. 3.

表2 实验室里的碳排放源清单

地点 碳排放源	_____实验室
固定碳排放源	1. 2. 3. 4. 5.
移动碳排放源	1. 2. 3.
其他碳排放源	1. 2. 3.

表3 办公室里的碳排放源清单

地点 碳排放源	_____办公室
固定碳排放源	1. 2. 3. 4. 5.
移动碳排放源	1. 2. 3.
其他碳排放源	1. 2. 3.

表4 食堂里的碳排放源清单

地点 碳排放源	学生食堂
固定碳排放源	1. 2. 3. 4. 5.
移动碳排放源	1. 2. 3.
其他碳排放源	1. 2. 3.

活动2　校园内碳排放量计算和分析（一年）

1. 计算步骤：

（1）选择计算中要包括的碳排放源；

（2）收集燃料用量的数据；（请老师提供相关学校的数据）

（3）查询碳排放因子；

（4）计算碳排放量。

表5　学校一年碳排放量统计（_____年）

学校名称：_____师生及员工总人数：_____

校园总面积（平方米）：用地面积：_____建筑面积：_____

编号	校年能耗名称	校年能耗量	总碳排放量（千克）	人均碳排放量（千克）
1	用电量（度）			
2	用水量（吨）			
3	用燃气量（立方米）			
4	课本量（册）			
5	办公、测试试卷用纸张（千克）			
6	食堂剩饭菜			
总计				

2. 将调查数据绘制图表

　　请同学们按照上表统计的数据，尝试用电子表格的图表生成功能，绘制一张一年学校碳排放量的柱状图，进行比较分析。（如没有条件用计算机进行图表分析的，也可用下列数字单位格为统一宽度单位，如碳排放量100千克以1厘米宽度为计量单位，或碳排放量50千克以1厘米宽度为计量单位以此类推。）

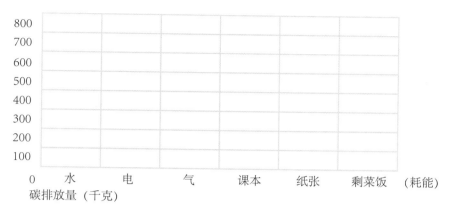

图 1　学校一年能耗碳排放量柱状图（　　年）

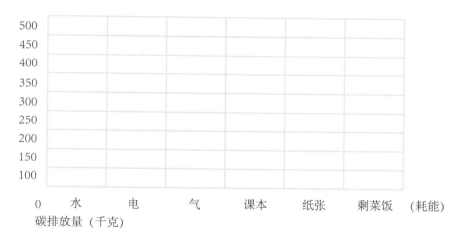

图 2　学校一年人均能耗碳排放量柱状图（　　年）

3. 学习尝试对绘制的图表进行简单的分析

数据结果分析：

1.

2.

3.

结论：

1.

2.

资料库

用种树来"补偿"你的碳排放

　　把大气中的二氧化碳"捕获"回来并让它们重新存储于地下？用替代能源减少化石能源的使用？… 这些，都可以称为"补偿措施"，也就是中国古话讲的"失之桑榆，收之东隅"。补偿的方法有很多种，我们平时谈得最多的就是恢复和增加植物吸收存储二氧化碳的能力，即通过"种树"来"补偿"我们的碳消耗排放。

　　举个例子，有研究表明，一棵在温带正常生长的冷杉树 30 年间能吸收 111 千克二氧化碳。那么如果你乘飞机旅行 2000 千米所产生的 278 千克二氧化碳（估算），就需要植 3 棵冷杉树来补偿；如果你用 100 度电所产生的 78.5 千克二氧化碳（估算）则需要植 1 棵冷杉树来补偿；而如果你吃的 3 千克牛肉所排放的 109.2 千克二氧化碳，差不多也需要植 1 棵冷杉树来补偿。

资料来源：《城市生活与低碳环保》，上海科学技术文献出版社 2013.

经过前面的计算，每个人在学校日常生活中，或多或少都在排放温室气体，请你想一想，校园里哪些碳排放是可以减少甚至避免的呢，我们能为节能减排做些什么呢？请把你的设想写下来。

我认为校园中＿＿＿＿＿＿＿＿＿＿＿＿＿＿＿＿

＿＿＿＿＿＿＿＿＿＿＿＿＿＿＿＿的碳排放是可以减少甚至避免的。

为节能减排，我可以做到如下几点：

1.＿＿＿＿＿＿＿＿＿＿＿＿＿＿＿＿＿＿

2.＿＿＿＿＿＿＿＿＿＿＿＿＿＿＿＿＿＿

3.＿＿＿＿＿＿＿＿＿＿＿＿＿＿＿＿＿＿

学习收获

通过本章的学习和探究活动，我对绿色校园有了新的认识。绿色校园不仅仅是校园设计者的事，也不仅仅是老师们的事；校园环境，需要我们每个同学日常呵护，也需要我们每个同学献计献策。让我们一起来对校园的环境做一个总结吧！

1. 绿色校园应最大限度地节约资源（节_____、节_____、节_____、节_____）；学校的节地和绿化情况，主要通过学校的_____和_____两个指标来反映。

2. 在本章的"第一节 绿色校园的环境"有三个探究活动，我们小组选取了_____进行活动，活动过程中最大的困难是_____，为了克服这个困难，我们采取的措施是_____。

3. "绿色建筑"，是以_____和_____为主题的，也叫_____建筑。中小学校设计中必须对建筑及室内装修所采用的建材、产品、物品进行严格选择，避免对室内造成污染。

4. 参加了学校关于建筑的一系列调查活动后，我认识到校园建筑物的节能、换气和隔音等效果往往存在矛盾，我觉得我们学校在上述三个方面做得最好的是_____，做得最不好的是_____，我的建议是_____。

5. 碳足迹，是用于衡量机构或个人因每日消耗能源而产生的_____排放量。"碳"耗用得多，导致气候变化的元凶"_____"也制造得多，"碳足迹"就大；反之"碳足迹"就小。在学校生活中，为了减少二氧化碳的排放，我觉得最关键是要做到_____。

6. 我觉得低碳生活，应该是指生活作息时所耗用的能量要_____，从而减低_____，减少对大气的污染，减缓生态恶化，主要是从_____、_____和_____三个环节来改变生活细节。为了创建绿色校园，大家行动起来吧！

第二章
校园节能行动

" 第一节
节能从我做起

聚焦热点

2012 年 10 月 24 日，天津市朱唐庄中学节能改造工程竣工。这是天津市建交委和市教委推荐参与中德技术合作公共建筑节能"项目试点"，2012 年 3 月被国家住建部建筑节能与科技司、教育部发展规划司批准并列入首个中德节能改造项目。

该工程于 2012 年暑期动工并完成，总工期仅为 60 天。本次建筑节能改造试点项目主要涉及：一是外墙和屋面保温；二是选用 K 值为 1.78 的塑钢门窗，中空 Low-E 玻璃；三是选用节能低排放锅炉和温控采暖系统；四是采用日光导向自动遮阳窗帘；五是安装太阳能热水系统。项目实施后的综合能耗降低可达 50% 左右。此外，工程还对实验室、微机房等进行了装饰装修，特别是为教室安装了热交换式新风系统、可调式照明系统，使朱唐庄中学这一五十五年的老校园旧貌换新颜，教育教学环境大大提升，温馨、舒适、节能、环保、安全集于一体，成为今后学校建设和改造的一个示范。

朱唐庄中学
资料来源：百度图片．

资料库

在朱唐庄中学教学改造中，我们看到了一个关键词"节能"，而"节能"近些年又经常与减排同时出现，那什么是"节能减排呢"？

【节能减排】

节能减排有广义和狭义定义之分，广义而言，节能减排是指节约物质资源和能量资源，减少废弃物和环境有害物（包括三废和噪声等）排放；狭义而言，节能减排是指节约能源和减少环境有害物排放。

节能减排就是节约能源、降低能源消耗、减少污染物排放。节能减排包括节能和减排两大技术领域，二者有联系，又有区别。一般地讲，节能必定减排，而减排却未必节能，所以减排项目必须加强节能技术的应用，以避免因片面追求减排结果而造成的能耗激增，注重社会效益和环境效益均衡。

《中华人民共和国节约能源法》所称节约能源（简称节能），是指加强用能管理，采取技术上可行、经济上合理以及环境和社会可以承受的措施，从能源生产到消费的各个环节，降低消耗、减少损失和污染物排放、制止浪费，有效、合理地利用能源。我国快速增长的能源消耗和过高的石油对外依存度促使政府在 2006 年年初提出：希望到 2010 年，单位 GDP 能耗比 2005 年降低两成、主要污染物排放减少一成。这两个指标结合在一起，就是我们所说的"节能减排"。

资料来源：《节能减排机制法律政策研究》.

资料来源：百度图片.

探究活动

活动 1

下面是一些推荐的节能方法，请在你认为可行的条款前标注，并结合自己所在学校的情况谈谈，可以选择哪些类目可以在学校生活中尝试运用。

注意随手关灯

使用高效节能灯泡

淘米水留下来洗碗或者浇花

不用时关掉饮水机的电源

每天做爬梯运动

夏季天气不算十分炎热时，最好用扇子或电风扇代替空调。使用空调时，不要把温度调得太低

交流捐赠多余物品

自备购物袋或重复使用塑料袋购物

购买本地的产品

少用一次性制品：一次性餐具、一次性牙刷、一次性雨衣、一次性签字笔……

少买不必要的衣服

每月手洗一次衣服

减少粮食浪费

减少装修铝材、钢材、木材使用量

使用太阳能供暖

照明改用节能灯

尽量少用电梯

不用电脑时以待机代替屏幕保护

每天少开半小时电视

适当调低淋浴温度

重复使用教科书

纸张双面打印、复印

用电子书刊代替印刷书刊

以上我觉得比较好的节能方法是

_____

理由：

1._____

2._____

3._____

结合自己学校的实际，想想在学校哪些方面可以为节能做些事？把你的想法填入下表：

表 1 学校可以节能的方面

可以节能的方面	改进方法	预期效果

活动 2 算算待机能耗

资料库

待机能耗是指产品在关机或不行使其原始功能时的能源消耗。具有待机功能的电器：空调、加湿器、功放、ISDN 电话线、录音机、抽油烟机、音响系统、微波炉、洗衣机、手机充电器、电脑 CPU、便携式电暖气、电脑调制解调器、电扇、电脑显示器、电源适配器、电脑打印机、电饭煲、无绳电话、电话答录机、消毒橱柜、电视机、DVD/VCD 视盘机、录像机、传真机等。

据中国节能产品认证中心负责人介绍，与产品在使用过程中产生的有效能耗不同，待机能耗基本是一种能源浪费。该中心的调查发现，我国城市家庭的平均待机能耗相当于每户使用一盏 15 瓦到 30 瓦的长明灯！照此推算，一户普通人家一年因待机而消耗的能源折合人民币近 60 元，全北京市 300 多万户居民家庭每年要为待机能耗支付 1.8 亿元。如果算上企事业单位在办公过程中产生的待机能耗，数字更为惊人。

　　下图是一些教室里可以见到的电器，你想过它们的待机能耗吗？选择其中的一种，把你的减少待机能耗的方法写在下面。

● 教室里的录音机

● 教学电脑

● 教室中的投影仪

● 教室里的空调

资料来源：百度图片．

我认为减少待机能耗的电器是＿＿＿＿＿＿＿＿＿＿＿＿＿＿＿
我设想的改进方法是＿＿＿＿＿＿＿＿＿＿＿＿＿＿＿＿＿＿＿
＿＿＿＿＿＿＿＿＿＿＿＿＿＿＿＿＿＿＿＿＿＿＿＿＿＿＿。

活动 3　节电新方法

　　节能的方法有很多种，节约电能是其中的一种方式。下面的图片是节电的一些科技成果，你认识吗？填一填

A＿＿＿＿＿＿

B＿＿＿＿＿＿

C＿＿＿＿＿＿

D＿＿＿＿＿＿

F＿＿＿＿＿＿
E（左）＿＿＿＿＿＿

以上图片均来自百度

你知道有哪些利用新科技节电的发明？

活动4　学校用电设备能效调查

资料库

【认认能效】

能效等级：

是表示家用电器产品能效高低差别的一种分级方法，按照国家标准相关规定，目前我国的能效标识将能效分为五个等级。等级1表示产品节电已达到国际先进水平，能耗最低；等级2表示产品比较节电；等级3表示产品能源效率为我国市场的平均水平；等级4表示产品能源效率低于市场平均水平；等级5是产品市场准入指标，低于该等级要求的产品不允许生产和销售。

找找看，你身边有多少这样的能效标识？它们代表了怎样的能耗？（调查活动可以个人单个进行，也可组成小组进行；调查内容，可以分成单个项目调查，也可几个项目一起调查）

表2　学校用电设备能效调查

电器	名称	数量	能效	功率（瓦）	用电时间（小时/天）	用电量（千瓦时）

【分析讨论】

　　根据调查表中数据，我们看到_____方面用电量比较多，原因是_____，还有存在的浪费现象是_____，造成浪费电的原因是_____。我们可以采取_____的措施或方法加以改进。

　　但我们班级在用电过程中在_____方面是比较合理的，如：_____，那是因为_____，我们应该保持和发扬。

“ **第二节**
节水我能行

聚焦热点

由于气候原因，贵州干旱每年都会发生。2013年贵州旱情严重，截至当年4月3日，贵州全省有59.3万人受干旱影响造成临时饮水困难。

贵州省降水分布不均，局地降水偏少。据了解，2013年3月份以来，贵州出现不同程度的降水。降水主要集中在贵州省东部、东南部及南部地区，毕节市、安顺市部分地区旱情有所缓解，而六盘水市、黔西南州旱情仍还在继续发展，作物受灾，人、畜出现饮水困难。

【水资源的重要性】

水是地球上人类与生物体赖以生存和发展的重要环境物质，可以说没有水就没有生命，也就没有人类。

水与生命关系密切，它是构成生物体的基础，又是生物新陈代谢的一种介质。生物从外界环境中吸取养分，通过水把各种营养物质输送到机体的各个部分，又通过水把代谢产物排出到机体之外，所以水是联系生物体的营养过程和代谢过程的纽带，维持着生命的活动。另外，水对生物还起着激发热量，调节体温的作用。水也是人体（包括各种生物体）中含量最多的一种物质，约占生物体重的 2/3 以上。

水是地球上最丰富的资源，水覆盖了地球表面大约 71% 的面积。地球的总水量大约为 14.1 亿 km^3，如果将这些水均匀地分布在地球表面，可以形成一个近 3000m 深的水层。大约 98% 的水存在于世界的海洋和内陆海洋中。这些水盐分过大不适于饮用、种植庄稼和大多数工业。大约有 3% 的水是淡水。但几乎所有这些水（87%）被封闭在冰冠和冰川之中，或在大气或土壤中，或深藏于地下。事实上，假定世界总水量为 100L，那么，可利用的淡水仅有 0.03L，仅占 0.003%。从全球来看，每年淡水取水和使用量为 $3240km^3$，其中 69% 用于农业，23% 用于工业，8% 为居民用水。

请同学想想：你们所在的地区缺水吗？为什么？

资料库

【世界部分国家水资源情况】

世界水资源按年径流（run off）总量排列依次为巴西、俄罗斯、加拿大、美国、印尼和中国（见下表），我国按年径流总量排在世界第六，但人平均年径流量仅为世界人均量的四分之一。

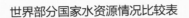

资料库

世界部分国家水资源情况比较表

国家	巴西	俄罗斯	加拿大	美国	印尼	中国
年径流总量（亿立方米）	51912	47140	31220	29702	28100	26300

中国年人均用水量为 2200m^3，仅为世界年人均用水量（10800m^3）的 30%，为美国的五分之一，俄罗斯、印尼的七分之一，加拿大的五十分之一。联合国据此已把中国列为 13 个最缺水国家之一。中国目前年用水量为 4500 亿 m^3，其中年农业用水量为 4000 亿 m^3，缺水量约 300 亿 m^3，城市与工业用水 500 亿 m^3，年缺水量达 58 亿 m^3。

我国水资源分布状况：

按照国际公认的标准衡量，中国目前有 16 个省（区、市）人均水资源量（不包括过境水）低于严重缺水线，有 6 个省、区（宁夏、河北、山东、河南、山西、江苏）人均水资源量低于 500 立方米，为极度缺水地区。

中国水资源具有地区分布不均，水土资源不相匹配的特点。长江流域及其以南地区国土面积只占全国的 36.5%，其水资源量占全国的 81%；淮河流域及其以北地区的国土面积占全国的 63.5%，其水资源量仅占全国水资源总量的 19%。

此外，还存在年内年际分配不匀，旱涝灾害频繁的问题。大部分地区年内连续四个月降水量占全年的 70% 以上，连续丰水或连续枯水较为常见。

资料来源：中国数字科技馆 http://amuseum.cdstm.cn/AMuseum/diqiuziyuan/wr0_4.html.

活动1　【了解自己在学校一天用水情况调查】

表1　一天中需要洗手的次数和方式统计　　　　　　　　　　记录日期

水流状况	小水流		中水流		大水流	
次数	1次	N次	1次	N次	1次	N次
水量						

表2　自己在学校一天用水情况调查　　　　　　　　　　记录日期

序号	用水活动名称	用水量（L）	序号	用水活动名称	用水量（L）

估算用水情况的碳排放（选择因子194克/吨）

每年用水碳排放量（千克）= 用水量（吨）数 × 194克/吨

小贴士

【记录水量的简易方法】

体积测量： 借助量杯、量桶和其他容器，记录用水量。 单位：立方米、升、毫升	时间测量： 相同流量的水使用的时间，用时间的长短表示用水的多少。 单位：小时、分、秒

常用的水计量单位：

体积单位：

1 立方米（m³）=1000 升（L）

1 升（L）=1000 毫升（ml）

我们日常生活中所说的 1 吨水的体积即为 1 立方米（m³）

我一天在学校学习活动过程中共用水量为：＿＿＿＿毫升（ml）

造成碳排放量为：＿＿＿＿千克（kg）

通过一天的观察，我觉得自己在用水方面做得：

（好 / 比较好 / 较浪费）

表现在：＿＿＿＿＿＿＿＿＿＿＿＿＿＿＿＿＿＿＿＿＿

可以在节水改进方面是：

1.＿＿＿＿＿＿＿＿＿＿＿＿＿＿＿＿＿＿＿＿＿＿＿

2.＿＿＿＿＿＿＿＿＿＿＿＿＿＿＿＿＿＿＿＿＿＿＿

将自己在学校用水情况调查与同学讨论，分享体会。

活动 2　学校用水量探究调查

1.将学校调查用水内容分成不同专题；每个团队调查场所尽量不重复；

2.寻找你的伙伴组成团队，每个团队成员不超过 5 人，明确你们的分工；

3.计划调查过程，根据表内容设计调查所用数据表，完成调查数据记录；

4.根据调查内容、调查过程和调查结论，学写一份调查报告。

表3 学校用水情况调查　　　　　地点：　　　日期：

序号	用水活动名称	用水量（升）	处理废水的方法在处理方法后（√）
			倒掉（ ） 再次利用于＿＿＿＿＿＿＿
			倒掉（ ） 再次利用于＿＿＿＿＿＿＿
			倒掉（ ） 再次利用于＿＿＿＿＿＿＿
			倒掉（ ） 再次利用于＿＿＿＿＿＿＿

1. 学校一天中共用水量为：＿＿＿＿＿＿＿（吨）

2. 一年中学校要用水量为：＿＿＿＿＿＿＿（吨）

人均：＿＿＿＿＿＿＿（吨）

造成碳排放量为：＿＿＿＿＿＿＿（千克）

人均：＿＿＿＿＿＿＿（千克）

3. 根据你们的观察和数据计算，找出学校用水量最多的三项用水活动，并分析一下是否可以用什么方法减少这些活动的用水。

资料库

【雨水收集系统（Rainwater Collection System）】

　　雨水收集系统，就是将雨水根据需求进行收集，并对所收集的雨水进行处理，以达到符合设计使用标准的系统。目前多数由弃流过滤系统、蓄水系统、净化系统组成。

　　雨水收集系统根据雨水源不同，可粗略分为两类。

　　一是屋顶雨水。屋顶雨水相对干净，杂质、泥沙及其他污染物少，可通过弃流和简单过滤后，直接排入蓄水系统，进行处理后使用。

　　二是地面雨水。地面的雨水杂质多，污染物源复杂。在弃流和粗略过滤后，还必须进行沉淀才能排入蓄水系统。

活动3 学校漏水量调查

1. 成立实践小组。（根据实际需要确定一定的人数，建议2–4人一组）

2. 以小组为单位在全校范围寻找有水龙头的地点、调查是否有水龙头漏水情况，并完成下表：

表4 水龙头漏水情况

序号	地点	水龙头个数	漏水龙头数

3. 漏水情况测定：测定所需器材：50ml烧杯一只、手表一只（最好是能用记录秒钟的表）

测定方法：

选定一只漏水的水龙头，测定这只水龙头漏水满50ml水需要的时间，并记录；再测定2次，取三次测定数据的平均值作为这只水龙头漏水数据。

表5 漏水情况数据测定记录

次数	漏水体积（ml）	所需时间
1	50	
2	50	
3	50	
平均		

【思考与计算】

了解一下你所在的城市或地区有多少万人口，假定人均拥有水龙头1.5~3个水龙头，每吨水2.9元人民币，试着进行下列问题的求算：

1. 计算你所在的城市或地区一天和一年因水龙头漏水造成多少吨淡水的浪费。

2. 将计算结果进行折算。（比如把一天或一年浪费的水的价值折算成父母的工资收入，看看父母需要多少年才能挣回来；又比如把它折算成希望工程的同学的学费，看能资助多少希望工程的学生完成学业等等），将自己的折算结果在班级交流。

资料库

【中水利用】

"中水"起名于日本，其水质介于自来水（上水）与排入管道内污水（下水）之间，亦故名为"中水"。"中水"的定义有多种解释，在污水工程方面称为"再生水"，工厂方面称为"回用水"，一般以水质作为区分的标志。其主要是指城市污水或生活污水经处理后达到一定的水质标准，可在一定范围内重复使用的非饮用水。在美国、日本、以色列等国，厕所冲洗、园林和农田灌溉、道路保洁、洗车、城市喷泉、冷却设备补充用水等，都大量的使用中水。

讨论：在你们身边有哪些地方可以使用中水？

资料库

【我国的国家节水标志】

"国家节水标志"由水滴、人手和地球变形而成。绿色的圆形代表地球，象征节约用水是保护地球生态的重要措施。标志留白部分像一只手托起一滴水，手是拼音字母JS 的变形，寓意节水，表示节水需要公众参与，鼓励人们从我做起，人人动手节约每一滴水；手又像一条蜿蜒的河流，象征滴水汇成江河。

创建节约型社会、节约型校园、节约型家庭是当今社会的主旋律，在学校、家庭里面还有哪些浪费水资源的情况呢（通过调查，将这些浪费情况汇总在一个表格里）？选取其中的一种水资源浪费情况，通过同学讨论或资料的查找，提出解决学校、家庭浪费水资源情况的有效措施，并汇集成册，在学校、班级中进行宣传展示。

国家节水标志

"
第三节
节材与资源利用

资料来源：http://v6.cqkx.com/info/2013/20133/260159.html.

聚焦热点

　　随着社会的发展，城市化进程不断加速，生活垃圾处理量不断上升，垃圾处理已成为城市发展面临的重要问题。目前，上海全市常住人口总数为 2380.43 万人。上海平均每 3 天产生出的生活垃圾量，可以填出一座标准足球场。上海年生活垃圾处理量已经达 704 万吨，如果做成 1 立方米的正方体，可排成近 7 千公里的长龙。同时在处理垃圾过程中，会产生大量的碳排放，垃圾越多碳排放也就越多。

【讨论】

1. 什么是生活垃圾？
2. 当前全国提倡生活垃圾分类，什么是垃圾分类？
3. 为什么要实施生活垃圾分类？

【垃圾分类】

通常所说的垃圾是指不需要或无用的固体、流体物质。而生活垃圾是指在日常生活中或者为日常生活提供服务的活动中产生的固体废物以及法律、行政法规规定视为生活垃圾的固体废物。如剩饭剩菜、废报纸、废饮料瓶等。

垃圾分类是指按照垃圾的不同成分、属性、利用价值以及对环境的影响，并根据不同处置方式的要求，分成属性不同的若干种类。

垃圾分类是促进垃圾减量的重要举措，是倡导低碳生活、提高城市文明水平的客观需要。现代生活垃圾的种类繁多，其后期处理处置要求也不同：有的需要无害化处置，有的则可以回收再利用。必须按照垃圾本身不同的种类和处理处置要求进行系统的分类。

此外，垃圾分类处理还有以下现实意义：

1. 减少污染 降低环境成本

废电器、废电池中含有铅、汞、镉等重金属，处理不当会直接污染土壤、空气和水源，并最终对人类健康产生严重危害；土壤中的废塑料会导致农作物减产；腐败的垃圾还会发出阵阵恶臭。垃圾分类有利于妥善处置有害物质，有利于保护环境。

2. 低碳环保 减少资源消耗

全国每年生产的 100 多亿只电池可回收 15.6 万多吨锌、22.6 万吨二氧化锰、2080 吨铜、207 万吨氯化锌、7.9 万吨氯化铵、4.03 万吨碳棒，还有各种有色贵金属的回收价值更高。我国每年可回收利用的废纸达数千万吨以上。利用 1 吨废纸可节水 100 立方米，节省化工原料

300 公斤，节煤 1.2 吨，节电 600 度。回收 1 吨易拉罐可少采 20 吨铝矿，节省 20% 的资金，同时还可节约 90%~97% 的能源。回收 1 吨废钢铁可炼得好钢 0.9 吨，与用矿石冶炼相比，可节约成本 47%，同时还可减少空气污染、水污染和固体废弃物。

生活垃圾中有 30%~40% 可以回收利用，应珍惜这个小本大利的资源。

3. 减少总量　降低土地占用

截至 2010 年，全国城市生活垃圾堆积共占地 533 平方公里。全国已有三分之二的大中城市陷入垃圾的包围中。垃圾分类，可减少垃圾总量 60% 以上，大大减轻了土地占用的压力。

资料库

【上海地区垃圾四分类】

资料来源：2014 年 2 月 22 日上海市人民政府令第 14 号《上海市促进生活垃圾分类减量办法》.

一　可回收物

是指适宜回收循环利用和资源化利用的废塑料、废纸、废玻璃、废金属等废弃物；

二　有害垃圾

是指纳入《国家危险废物名录》，对人体健康或者自然环境造成直接或者潜在危害的，且应当专门处置的废镍镉电池、废药品等废弃物；

三　湿垃圾

是指易腐性的菜叶、果壳、食物残渣等有机废弃物；

四　干垃圾

是指除可回收物、有害垃圾、湿垃圾以外的其他生活废弃物。

百万家庭低碳行 垃圾分类要先行

本市日常生活垃圾的基本分类为：可回收物、有害垃圾、湿垃圾和干垃圾。

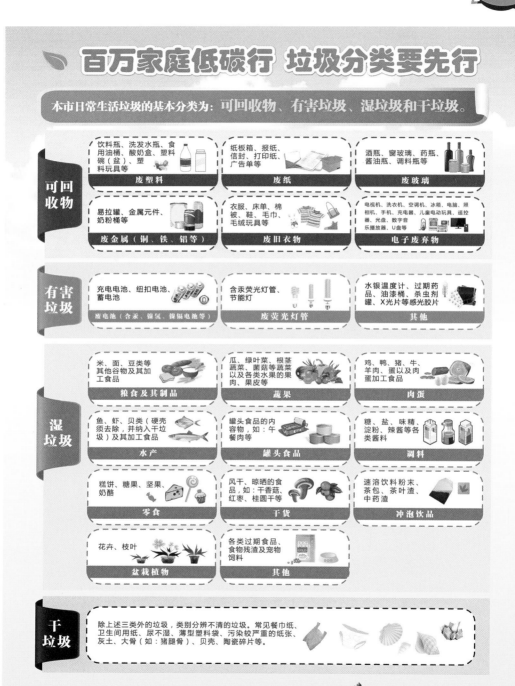

可回收物

饮料瓶、洗发水瓶、食用油桶、酸奶盒、塑料碗（盆）、塑料玩具等	纸板箱、报纸、信封、打印纸、广告单等	酒瓶、窗玻璃、药瓶、酱油瓶、调料瓶等
废塑料	**废纸**	**废玻璃**
易拉罐、金属元件、奶粉桶等	衣服、床单、棉被、鞋、毛巾、毛绒玩具等	电视机、洗衣机、空调机、冰箱、电脑、照相机、手机、充电器、儿童电动玩具、遥控器、光盘、数字音乐播放器、U盘等
废金属（铜、铁、铝等）	**废旧衣物**	**电子废弃物**

有害垃圾

充电电池、纽扣电池、蓄电池	含汞荧光灯管、节能灯	水银温度计、过期药品、油漆桶、杀虫剂罐、X光片等感光胶片
废电池（含汞、镍氢、镍镉电池等）	**废荧光灯管**	**其他**

湿垃圾

米、面、豆类等其他谷物及其加工食品	瓜、绿叶菜、根茎蔬菜、菌菇等蔬菜以及各类水果的果肉、果皮等	鸡、鸭、猪、牛、羊肉、蛋以及肉蛋加工食品
粮食及其制品	**蔬果**	**肉蛋**
鱼、虾、贝类（硬壳须去除，并纳入干垃圾）及其加工食品	罐头食品的内容物，如：午餐肉等	糖、盐、味精、淀粉、辣酱等各类酱料
水产	**罐头食品**	**调料**
糕饼、糖果、坚果、奶酪	风干、晾晒的食品，如：干香菇、红枣、桂圆干等	速溶饮料粉末、茶包、茶叶渣、中药渣
零食	**干货**	**冲泡饮品**
花卉、枝叶	各类过期食品、食物残渣及宠物饲料	
盆栽植物	**其他**	

干垃圾

除上述三类外的垃圾，类别分辨不清的垃圾。常见餐巾纸、卫生间用纸、尿不湿、薄型塑料袋、污染较严重的纸张、灰土、大骨（如：猪腿骨）、贝壳、陶瓷碎片等。

上海市生活垃圾分类减量推进工作联办

活动 1

　　请根据资料库的内容，试着将下列垃圾扔到合适的垃圾桶里。

报纸

纸板箱

图书

杂志

药盒

菜帮菜叶

剩菜剩饭

瓜果皮核

蛋壳

动物骨骼和
内脏

盆景等植物的
残枝系列

食品袋

保鲜膜

卫生纸、纸巾

尿片、妇女
卫生用品

陶瓷瓶罐

坚贝壳

纸杯

洗净的饮料盒

洗净的牛奶盒

办公室用纸

传单广告纸

塑料饮料瓶

塑料油杯

瓶罐

平板玻璃

镜子

易拉罐

罐头盒

金属餐具

电池

灯泡灯管

油漆

家化用品

过期药品

水银温度计

电热蚊香片

杀虫气雾剂

塑料垫

塑料餐盒

泡沫塑料

洗净的酸奶杯

烟头

破陶瓷

大骨头

玉米核

灰土

可回收物：易回收和资源利用的废弃物			

有害垃圾：造成直接或者潜在危害的废弃物			

湿垃圾：易腐性的有机废弃物			

干垃圾：不能归为上述的垃圾			

资料库

【校园生活垃圾的种类和来源】

校园垃圾中，主要有废纸、塑料包装、电池、碎玻璃等，在普通中学，废纸的比重最大，约占所有校园垃圾的60%，食物等厨余垃圾约占30%，电池、碎玻璃等实验室产生的垃圾约占1%，其他垃圾约有9%；而在寄宿制学校，废纸约占30%，电池、碎玻璃约占5%，食物等厨余垃圾比重较大，约占55%，其他垃圾约占10%。

从学校结构上看，在教学区的垃圾以废纸为主，数量所占比例较高；在食堂主要是厨余垃圾，包括塑料餐盒和食物等；宿舍区主要有塑料食品包装，瓜皮，果核等；而实验室内则存在有毒、有害废弃物和玻璃等垃圾。

由于校园办公和学习的特殊性，产生的校园垃圾（厨余垃圾除外）以废纸为主，来源于老师办公、备课、会议、试卷印刷剩余、废旧书报等和学生草稿演算废纸，以及物品废弃包装纸等。据统计，学校每年大约需要用去300~400箱一体机速印纸，以每箱50斤计算，其中可能有30%用后废弃，约可回收2~3吨。

活动 2 班级生活垃圾调查

根据所在城市、学校产生垃圾的特点，请你调查一天或一周班级生活垃圾的情况并进行合理分类。

表 1 班级生活垃圾调查

班级：　　　　调查人：　　　　一天□／一周□

垃圾品种	垃圾分类				分析理由
	可回收垃圾	有害垃圾	湿垃圾	干垃圾	

【思考讨论】

1. 一天（一周）中我们班级有多少垃圾量？会产生多少碳排放量？

———————————————————————————————

2. 这些垃圾中有哪些垃圾是可以减量的？为什么？怎么减量？

———————————————————————————————

3. 我们学校除了在班级中会产生垃圾外，还有哪些方面会产生垃圾（如实验室、专用教室等）？产生怎样的垃圾？怎么分类和减量？

———————————————————————————————

资料库

【进行校园垃圾分类回收给我们带来多方面的效益】

环境效益

回收 1 吨纸，能生产 0.8 吨纸，相当于节约木材 4 立方米或少砍伐树龄为 20 年的树木 17 棵，节省 3 立方米的垃圾填埋空间，同时还节省化工原料 300 千克，节省一半的造纸能源，节约造纸过程中 240 吨用水、300 度用电，还能减少 35％的环境污染。

经济效益

回收 1 吨废纸，可以产生一笔可观的收入。教育效益：可以使学生树立环保意识，养成垃圾分类处理的好习惯。回收的所得又可以用于爱心事业。

活动 3　创意小制作

　　如果能够将垃圾作为原料，进行相关加工，那么这些废弃物就不能被称之为垃圾了。请你根据前面所进行的调查，将身边常见的可回收废弃物进行分析设计，加工制作成可利用的物品，比一比，在变废为宝的活动中，谁最心灵手巧。

材料：_____

工具：_____

步骤：

1._____

2._____

3._____

将你变废为宝的创意作品（照片）贴在此：

学习收获

通过本章节内容的学习，根据你所在城市垃圾情况的分析，你认为垃圾按照哪些种类进行分类比较合理？

_____

_____

_____

_____

校园垃圾减量大行动：

垃圾分类并不能从源头上减少垃圾的产生，为了整个大环境的可持续发展，我们更希望能够进行垃圾减量，从而减少因为垃圾处理而带来的二次污染。请你对校园垃圾产生情况进行分析统计，并就如何做到校园垃圾减量说说你的设想。

设想：

1. _____

2. _____

3. _____

请将你的设想付之于行动，动员你的同学和老师加入你的垃圾减量行动吧！

第三章
绿色社区

" 第一节
绿色社区的环境

　　学校的周围往往就是社区，甚至许多学校本身就是大型社区的配套设施，学校的师生都生活在各个社区之中。因此绿色社区与绿色学校有着密不可分的联系。

我家要搬家，有两个居住小区可供选择。

你会选择哪一个居住小区？为什么？

我会选择：
小区 A（　　　　）
小区 B（　　　　）

因为：＿＿＿＿＿＿＿＿＿＿＿＿＿＿＿

＿＿＿＿＿＿＿＿＿＿＿＿＿＿＿＿＿＿

＿＿＿＿＿＿＿＿＿＿＿＿＿＿＿。

活动1 绿色社区探秘

1. 居住小区是我们日常生活的场所，方便、整洁、舒适、环保的环境是基本的要求。请结合以往所学的环境科学知识，在你认为绿色社区应具备的生活服务设施图下画勾。

喷水池_____ 垃圾房_____ 健身器材_____

停车库_____ 树木花草_____

池塘_____ 便利店_____ 凉亭_____

绿色能源_____ 游泳池_____ 网球场_____

2. 请根据你之前的选择，填表并写出你的理由。序号栏需按你认为重要的顺序排列，越重要，排序越靠前。你也可以填写你认为非常重要但未出现在图片中的设施。

表1　绿色居住小区应有的设施

序号	小区生活服务设施	选择理由
1		
2		
3		
4		
5		
6		
7		
8		
9		
10		
11		
12		

将你选择的结果和理由与班级同学进行讨论交流。

活动2　了解你所居住社区的环境

1. 你对现在居住小区的环境满意度是多少？请简述理由。

表2　居住小区满意度调查

（5非常满意，4满意，3比较满意，2不满意，1非常不满意）

序号	小区生活服务设施	满意度	理由

2. 与班级同学进行讨论交流。

活动 3　设计你理想中的绿色社区

　　运用绿色社区的相关科学知识，展开你想象的翅膀，拿起手中彩笔，设计一个你理想中的绿色社区。

我理想中的绿色社区（绘画、描述均可）

我的设计理念

活动4 为小区环境献一计

为了使你现在居住的社区环境更加优美，生活更加便捷，结合《绿色校园评估标准》中的相关要求，以小队为单位，通过访问家长、邻居、居委会负责人、物业管理人员等，从建筑、绿化、生活设施配套、环境宣传教育等方面向社区有关部门提出你们的意见和建议。

" 第二节
绿色社区的建筑

上海市某绿色社区案例

上海某保障性住房社区是上海首个按绿色建筑评价标准进行设计实施的保障性住房社区。该社区使用了较多的生态、环保、节能技术。采用围护结构保温隔热、雨水回用等措施，资源和能源消耗量远低于普通社区。其中围护结构的节能率达 65% 以上，与当地强制标准 50% 相比，在 50 年的使用年限中可节省 6797 吨标准煤。

社区住宅的所有房间均保证足够的窗地比，保证自然通风和自然采光；照明光源基本采用三基色节能荧光灯；采用获得节水产品认证证书的节水型器具；可再循环材料的重量占建筑材料总重量的 11.12%。

资料来源：中国建筑科学研究院上海分院.

社区还合理开发利用地下空间，设置了地下车库、雨水站等。地下建筑面积与建筑占地面积之比达到96%。社区绿地率为41.37%，总透水地面面积比达到73.3%，景观植物采用节水喷灌。

通过采用各项措施，该社区减少了有害气体的排放量，减少了对自然环境资源的消耗，为住户提供了良好的绿色生态居住环境。

绿色建筑是指在建筑的全生命周期内，最大限度地节约能源、土地、水、建筑材料等资源投入，保护环境和减少污染，同时为人们提供健康、适用、高效，与自然和谐共生的使用空间。与传统建筑相比，绿色建筑更好地体现节能环保、安全舒适的设计理念。

活动1　绿色社区案例分析

仔细阅读"上海市某绿色社区案例"，回答下列问题：

1. 该社区采用＿＿＿＿＿＿＿＿＿＿＿＿＿＿＿＿降低电能消耗，设置＿＿＿＿＿＿＿＿＿＿＿＿＿＿＿＿节省停车占地，用＿＿＿＿＿＿＿＿＿＿＿＿＿＿＿＿技术灌溉绿化。

2. 在节能方面，该社区采用了哪些措施？请用数字说明。

＿＿＿＿＿＿＿＿＿＿＿＿＿＿＿＿＿＿＿＿＿＿＿＿＿＿＿＿＿＿

＿＿＿＿＿＿＿＿＿＿＿＿＿＿＿＿＿＿＿＿＿＿＿＿＿＿＿＿＿＿

＿＿＿＿＿＿＿＿＿＿＿＿＿＿＿＿＿＿＿＿＿＿＿＿＿＿＿＿＿＿

＿＿＿＿＿＿＿＿＿＿＿＿＿＿＿＿＿＿＿＿＿＿＿＿＿＿＿＿＿＿

活动2　声环境对生活的影响

在第一章第二节的学习活动中我们了解到，学校中噪声对我们学习和人体健康的影响。同样，在我们居住的社区环境中噪声对我们生活的影响也是非常大的。城市噪声污染早已成为城市环境的一大公害。世界卫生组织根据有关全世界噪声污染方面调查后认为，噪声污染已成为影响人们身体健康和生活质量的严重问题。

根据相关规定，学校操场与住宅至少要有 25 米的距离，并应设置植物隔离带。

【活动过程】

1. 对家中不同条件下的噪声与人主观感受的调查。

请在下表中填写家中不同环境下对声音第一感觉的主观感受，并分析原因。

表 1　家中不同条件下的噪声与人的主观感受

环境	舒适 / 较舒适 / 一般 / 不舒适 / 很不舒适	原因
打开窗户，全家保持安静		
关闭窗户，全家保持安静		
家中看电视听音乐		
与家人窃窃私语		
与家人正常交谈		
大声喧哗（如唱歌等）		
一个人安静地做作业		

从上表中可以看到：

（1）我家的声环境是_____（安静 / 嘈杂）的，我感觉总体是_____（舒适 / 较舒适 / 一般 / 不舒适 / 很不舒适）的。其中令我感觉最舒服的声环境是_____，与我家的建筑特点_____（有关 / 无关）。

原因：_____。

（2）使你感觉最不舒服，并令你烦恼的噪声源是_____。与我家的建筑特点_____（有关 / 无关）。

原因：_____。

资料库

中华人民共和国城市区域环境噪声标准。

1. 主题内容与适用范围

本标准规定了城市五类区域的环境噪声最高限值。本标准适用于城市区域。乡村生活区域可参照本标准执行。

2. 标准值

城市 5 类环境噪声标准值如下：

类别	昼间	夜间
0 类	50 分贝	40 分贝
1 类	55 分贝	50 分贝
2 类	60 分贝	50 分贝
3 类	65 分贝	55 分贝
4 类	70 分贝	55 分贝

3. 各类标准的适用区域

（1）0 类标准适用于疗养区、高级别墅区、高级宾馆区等特别需要安静的区域。位于城郊和乡村的这一类区域分别按严于 0 类标准 5 分贝执行。

（2）1 类标准适用于以居住、文教机关为主的区域。乡村居住环境可参照执行该类标准。

（3）2 类标准适用于居住、商业、工业混杂区。

（4）3 类标准适用于工业区。

（5）4 类标准适用于城市中的道路交通干线道路两侧区域，穿越城区的内河航道两侧区域。穿越城区的铁路主、次干线两侧区域的背景噪声（指不通过列车时的噪声水平）限值也执行该类标准。

4. 夜间突发噪声

夜间突发的噪声，其最大值不准超过标准值 15 分贝。

2. 自己居住社区声环境对生活影响调查。

在我们居住小区生活的环境中总会有车辆、装修、施工、人声、狗吠等各种类型的噪声。请在下表中填写小区中不同环境下对声音第一感觉的主观感受，并分析原因。

表 2　社区中不同环境下的噪声与人的主观感受

环境	舒适 / 较舒适 / 一般 / 不舒适 / 很不舒适	原因
例：小区每天清晨音乐	不舒适，影响睡觉	老人在草坪练操

从以上表中可以看到：

（1）我们小区的声环境是_____（安静 / 嘈杂）的，我感觉总体是_____（舒适 / 较舒适 / 一般 / 不舒适 / 很不舒适）的。其中令我感觉最舒服的环境是_____，与我们小区的建筑_____（有关 / 无关）。

原因：_____。

（2）使你感觉最不舒服，并令你烦恼的噪声源是_____。与我小区的建筑_____（有关 / 无关）。

原因：_____。

（3）按照《中华人民共和国城市区域环境噪声标准》，我们居住的小区它的噪声分贝应该是：_____，从我主观感觉上我们小区的噪声分贝_____（符合 / 不符合）。

原因：_____。

将你调查自己家和社区噪声环境的情况，在班级中与同学交流。

活动 3　巧妙应对室内温室效应

资料库

太阳辐射的主要形式是短波辐射。玻璃不能阻挡短波辐射穿透进入室内，却能阻挡一部分由地面反射的长波辐射。这样进入玻璃房内的热量不断被滞留在室内，使得内部环境的温度不断上升。

【玻璃的温室效应】

资料来源：百度图片．

　　由于温室效应的作用，在冬天有日照的房间，室内温度会略高于室外温度，可以节约取暖用的能源。但到了夏天，这就成了一件令人烦恼的事情。

　　如果你是绿色建筑的设计者，你将如何在充分利用冬天室内的温室效应减少取暖能耗的同时，解决夏天室内过热的问题？

方法 1 ＿＿＿＿＿＿＿＿＿＿＿＿＿＿＿＿＿＿＿＿＿

理由：＿＿＿＿＿＿＿＿＿＿＿＿＿＿＿＿＿＿＿＿＿

＿＿＿＿＿＿＿＿＿＿＿＿＿＿＿＿＿＿＿＿＿＿＿＿＿

方法 2 ＿＿＿＿＿＿＿＿＿＿＿＿＿＿＿＿＿＿＿＿＿

理由：＿＿＿＿＿＿＿＿＿＿＿＿＿＿＿＿＿＿＿＿＿

＿＿＿＿＿＿＿＿＿＿＿＿＿＿＿＿＿＿＿＿＿＿＿＿＿

聚焦热点

【低碳环球旅行】

2009 年 6 月，一对来自英国的情侣开始了一次历时 297 天，行程达 7 万余千米的低碳环球之旅。他们没有选择搭乘飞机，两人一共乘坐了 112 次汽车、61 次火车、18 次轮船，骑了 6 次自行车、2 次摩托车。在中国他们甚至还骑大象行进了 20 多千米。这样的旅行虽然辛苦一些，但想想环球一周，却仅仅产生了不到 3000 千克二氧化碳，仅相当于全程乘飞机旅行的三分之一，这样的低碳绿色旅行格外有意义。

112次汽车　　61次火车　　18次轮船　　6次自行车　　2次摩托车

产生了不到3000千克二氧化碳

图 1　低碳绿色旅行

探究活动

　　绿色出行就是在日常生活中采用节约能源、排放污染较少的交通方式，最大限度地减少出行对环境的不利影响，例如尽可能乘坐公共汽车、地铁等交通工具，步行、骑自行车也是不错的选择，不仅降低出行的能耗和污染，还可以锻炼身体。如果只有两三千米的路程，建议采取步行的方式；当距离超过 3000 米时，步行会花费较多的时间，可以选择乘坐公共交通工具如公交车、地铁等，尽量避免使用私家车。

活动1　出行路上的碳排放

　　贝贝到上海旅游，上午他在新天地感受中西方文化的交融，下午准备前往人民广场，在上海博物馆感受历史的积淀，然后参观上海城市规划馆体验时代的发展。从新天地到人民广场，你会为他选择怎样的出行方式？

表1　新天地至人民广场出行方式对比

对比项目	出租车	地铁	公交车	步行	自行车
距离 （千米）	3.1	2.8	3.2	2.4	2.4
耗时 （分钟）	6	14	28	45	25
碳排放估算量 （千克／千米）	0.215	0.079	0.105	0	0
碳排总量 （千克）					

从上表的数据中可以发现，选用_____出行的碳排总量最高，选用_____出行的碳排总量最低。你会推荐贝贝选择以_____为出行方式，因为：_____

_____

活动 2　制作社区低碳出行手册

以你居住社区周边的中小学校、医院、超市、公园等为目的地，完成表格 3 和表格 4，为社区居民编制一个低碳的交通出行方案，供不同年龄、不同出行目的的居民选择。鼓励社区居民在可能的情况下尽量选择碳排放较低的出行方式。

表2　常见交通工具的碳排放估算

常见交通工具	碳排放的估算方法
大排量汽车（＞2.0 升）	0.298 千克 / 千米
中排量汽车（1.4—2.0 升）	0.215 千克 / 千米
小排量汽车（＜1.4 升）	0.182 千克 / 千米
公共汽车	0.105 千克 / 千米 . 人
轨道交通	0.079 千克 / 千米 . 人
电动自行车	0.0096 千克 / 千米
自行车	0
步行	0

表3　_____目的地出行方式对比

注：距离公里数可上网查电子地图。不同的出行方式会使出行距离有所不同，例如步行所走的道路，不一定允许汽车通行，这就会让两种出行方式的距离产生不同。

对比项目	出租车	轨道交通	公交	步行	公交 + 步行	…
距离（公里）						
耗时（分钟）						
碳排总量（千克）						

表4 _____目的地出行方式对比

出行方式	出租车	轨道交通	公交车	步行	公交＋步行	…
适合人群						
推荐指数						
推荐原因						
特别说明						

资料库

【聪明的电子地图】

你知道"电子地图"吗？它不仅仅是用来测量距离的工具，更是人们出行的智能帮手。在你确定了目的地和出发点后，电子地图可以提供对应不同交通工具的多条备选路线。如果选择搭乘公共汽车，电子地图能提供有效的换乘方案；如果自驾车出行，提前用电子地图查好路线可以减少"兜圈子"造成的时间和燃油的浪费，真是一举多得！

活动3　设计低碳旅游路线

　　暑期，小宝想到北京旅游，计划游玩四天，看看故宫，逛逛颐和园，吃吃北京烤鸭，登登八达岭长城，请你根据本节内容和课本中相关的碳足迹计算方法为他设计一条低碳出游路线。

　　提示：低碳出游，不仅包括出行方式，你所选择的衣服、食物、住宿等都会产生碳排放！

　　方案设计要点：

　　1. 选择出行到北京的交通工具。

　　2. 选择在北京旅游出行的方式和游玩的路线。

　　3. ……

资料库

【绿色客房】

　　目前，许多星级酒店已摈弃了床单需每日换洗的规则，改为每72小时换洗一次，有的甚至更长。很多酒店房间的床头也都有"环保卡"，告知客人床单并非天天换洗，若有需求可向指定部门提出。据统计，客人入住宾馆时若能少换一次床单被罩，则可省0.03度电、13升水和22.5克洗衣粉，相应减排二氧化碳50克。别看这个数量不大，如果全国所有星级宾馆都能做到3天更换一次床单，每年可减排二氧化碳4万吨，综合节能约1.6万吨标准煤。

聚焦热点

社区低碳节能新生活

　　随着普通公众对环境质量的日益关注，低碳环保已经逐渐演变成一种流行的生活方式与态度，"低碳社区"也应运而生。近年来，山东省潍坊市已建成 20 个低碳社区共 150 万平方米，约有 10 万余居民入住。"冲厕用中水，取暖不用煤，公共照明用太阳能。"许多关于低碳节能的时尚生活理念，在社区的日常生活中都能实现。这样的新型社区在促进节能减排、保护生态环境、提高居民生活品质等方面发挥了重要作用。

图 1　屋顶太阳能热水器
资料来源：百度图片．

图 2　风能、太阳能混合路灯
资料来源：百度图片．

在现代社会中，伴随着物质生活水平的提高，人们对能源的需求量日益增大。受技术水平和开发成本的限制，化石燃料在能源使用总量中占据了相当大的比例。化石燃料的燃烧会排放大量的二氧化碳，对环境造成严重的负面影响。这已严重危害到人类的生存环境和健康安全。

图 3

大气中的二氧化碳主要来源于_____、_____、_____等化石燃料的燃烧，而节能可以减少化石燃料的消耗，相应地减少二氧化碳的排放，所以低碳离不开节能。

你所居住的社区采取了节能措施吗？有哪些措施？

_____

_____

_____

_____

活动 1　计算碳足迹

小丽学习了碳排放的知识后，想了解自己整个暑假的碳足迹，于是对自己的暑假生活作了如下统计：

图 4　小丽的暑假生活

表 1　小丽暑假生活碳排放统计

日常生活	数量	碳排放因子	碳足迹
家庭用电	210 度	904 克 / 度	
家庭用水	32 吨	194 克 / 吨	
乘电梯上下	1800 层	210 克 / 层	
乘坐高速列车	1400 千米	50 克 / 千米	
乘公交车	100 千米	80 克 / 千米	
吃饭	180 顿	480 克 / 顿	
使用 A4 纸	10 张	90 克 / 张	
使用天然气	20 立方	2100 克 / 立方米	
丢垃圾	100 千克	2000 克 / 千克	
总计			

1. 请根据第一章中有关低碳和碳足迹的知识帮助小丽完成上述表格。

2. 你认为小丽在哪些方面还有进一步减小碳足迹的可能？你的改进建议是什么？

图 5

活动 2　家庭节能情况调查

　　绿色社区要实现节能减碳依赖于每个家庭的积极参与。让我们一起寻找身边的节能事例，找出浪费能源的现象，并提出改进措施。

【活动准备】

　　以 3~5 人组成一个小组

【活动过程】

1. 小组成员分头查找自己家庭中已经采取的节能措施，调查这些措施的节能效果。（填入表 2）
2. 小组成员分头查找自己家庭中浪费能源的现象，讨论可能采取的节能措施。（填入表 3）
3. 汇总数据，撰写调查报告。

表 2　家庭内部已采取的节能措施

项目	节能措施	节能效果

表 3　家庭能源浪费现象

项目	浪费现象	改进措施	预期效益

活动 3　如何烧水更节能？

1. 如果你家里使用天然气或者煤气烧水，请设计一个实验方案，测试烧开同样水量的一壶水用哪种火焰消耗的燃气最少。本活动需要在家长的监护下完成。

_____

_____

_____

_____

2. 记录实验数据

	起始燃气读数（立方米）	结束燃气读数（立方米）	燃气消耗（立方米）	烧开耗时（分钟）	碳排放量（千克）
小火					
中火					
大火					

3. 实验结论

　　实验表明，如果考虑节约时间，应该用_____烧开水，这样用时最少；在时间比较宽裕时，应该用_____烧开水，这样最节约燃气，碳排放量也最少。

　　保护环境是全社会每一个公民应尽的义务。我们日常生活中衣食住行的每一个环节上都有节能减碳的机会，只要用心关注、身体力行，我们都能成为绿色社区的低碳小当家。

学习收获

1. 绿色社区是人们理想的居住环境。社区环境设施在很多方面较普通社区有更高的标准和要求。请从以下语句中选出符合绿色社区理念的内容。
设立分类垃圾桶　划出部分绿地扩充停车位　设置专用垃圾房　建筑间距紧凑　采用立体车库扩充停车位　建筑之间有足够间距　绿地种满植物　绿地合理种植多种植物　有公用健身设施

_____

_____

2. 绿色建筑是绿色社区的重要组成部分。它与传统建筑相比较，在_____、_____、_____、_____等方面有更高的要求和严格的规范。

3. 绿色出行是指在日常生活中尽量采用对环境影响的出行方式，比如_____、_____、_____、_____等，其中，最有助健康、经济节约而且低碳的方式是_____。

4. _____不仅仅是用来测量路程的，更是我们出行的智能帮手。出行前，用它查好路线，可有效减少因不认路带来的"兜圈子"，避免增加无谓的碳排放。

5. 低碳环保已经逐渐演变成一种流行的生活方式与态度。请从以下语句中选出最适合你家庭采用的低碳措施（可以补充）：
使用节能灶具　选用节能灯　节约用水　使用太阳能　使用风能垃圾分类处置　购买简装商品　少用一次性物品　减少灯具空开　尽量利用自然采光　尽量以增减衣物代替使用空调

_____

_____

绿色社区与绿色校园有着密不可分的联系。无论是环境、建筑、还是绿色出行、低碳生活，绿色社区与绿色校园都有着相似的要求。无论是绿色校园还是绿色社区，都需要我们大家去建设、去维护。

第四章
我们的家园地球

她，是我们人类赖以生存的摇篮；

她，是我们成长的乐园；

她，无私地把一切都奉献给了我们

……

她就是我们共同的家园——地球。

　　进入 21 世纪，温室效应，臭氧空洞，能源缺乏，水资源短缺，生态平衡遭到破坏，森林面积迅速减少，泥石流，洪水等自然灾害接踵而来。几乎天天都有重大灾难发生在各个角落，且一次比一次更严重。我们的地球到底怎么了？为什么天灾人祸的频率越来越高？殊不知，这些重大灾难背后的成因都是人类的行为所导致！

　　人类肆无忌惮的乱砍滥伐森林，过度放牧，使得沙漠化日益严重；河流沿岸的土质由于缺乏植被的保护，水土严重流失，河道下游床位不断抬高，围湖造田，导致洪水的严重泛滥，多少家庭流离失所，家破人亡；人类大量使用煤、石油等燃料，使母亲的乳汁变成了酸雨，无情地吞噬着地球上每一寸土地；近年来，地球温室效应越发严重，使两极冰川迅速融化，许多海拔低的地方已被淹没，据科学家的调查，冰川融化速度还在不断加快，有朝一日我们的地球家园将会变成一片汪洋；氟利昂的排放使臭氧的空洞越来越大，紫外线无情的炙烤着我们的母亲，使她遍体鳞伤……正是这些种种不考虑后果的破坏行为，夺走了地球家园的美丽外衣。曾经对人类呵护备至的地球家园，身心遭受着巨大的痛苦，她不受控制、着了魔似的以各种灾难"报复"着人类。而造成这一切后果的罪魁祸首就是人类自己，是人类贪图眼前利益，破坏生态环境和平衡所造成的。

　　现在地球和人类的蜕变已经到了非常关键的时刻，我们需要行动起来，挽救我们共同的地球家园，使她不至于陷入绝望的深渊，丢弃美好的健康，让她恢复健康、美丽、安详。这也是人类自己拯救自己的唯一出路！

" 第一节
不堪重负的地球

聚焦热点

【日益严重的空气污染】

洁净的大气是人类赖以生存的必要条件之一。一个人在五个星期内不吃饭或五天内不喝水，尚能维持生命，但超过五分钟不呼吸就会死亡，所以洁净的大气对人类来说非常重要。

随着社会经济的快速发展、工业化水平的不断提高，人类活动对环境产生的影响越来越大，尤其是在城市，集中了大量的工厂、车辆和人口，城市逐渐成为最易发生污染的地方。空气质量也由于以上原因，逐渐开始恶化。

美国著名城市洛杉矶，在 20 世纪 40 年代初就有汽车 250 万辆，市内高速公路纵

资料来源：穿越中国 http://www.chinafeatures.com.

横交错，占全市面积的 30%，每条公路通行的汽车每天达 16.8 万次。由于汽车漏油、汽油挥发、不完全燃烧和汽车尾气排放，每天向城市上空排放废气。这些排放物在阳光的作用下，形成了有毒烟雾，滞留在城市上空久久不散。1943 年 5 月~10 月，洛杉矶大多数居民不同程度受到影响，造成 400 多人死亡。

1952 年 12 月 5 日~8 日的 4 天里，英国首都伦敦市上空出现了罕见的大雾，并伴随着有毒的烟尘，许多市民感到胸口窒闷，并有咳嗽、喉病、呕吐等症状。据统计，在这次烟雾事件之后的两个月中，前后有近 12000 人死于支气管炎、肺炎、肺癌、流感及其他呼吸疾病，这就是历史上著名的伦敦烟雾事件。

2013 年以来，雾霾频袭北京。气象部门日前发布数据显示：1 月 1 日至 4 月 10 日这 100 天里，北京雾霾日数有 46 天，为近 60 年最多；6 月，北京雾霾天气高达 18 天，是近 10 年同期雾霾天数的 3 倍；9 月，北京雾霾日达到了 14 天，是常年（3.6 天）的近 4 倍；10 月，北京的空气在轻度污染以上达到 15 天。雾霾天让许多人对当前的北京居住环境望而却步，并把北京戏称为"霾都"。

讨论：
1. 造成雾霾天气的原因是什么？
2. 雾霾天气会对健康造成哪些危害？

【雾霾天气污染的罪魁祸首——PM2.5】

二氧化硫、氮氧化物和可吸入颗粒物是雾霾主要组成，前两者为气态污染物，最后一项颗粒物才是加重雾霾天气污染的罪魁祸首。它们与雾气结合在一起，让天空瞬间变得灰蒙蒙的。

颗粒物的英文（particulate matter）缩写为 PM，北京监测的细颗粒物（PM2.5）是指大气中直径小于或等于 2.5 微米的颗粒物，也称为可入肺颗粒物。它的直径还不到人的头发丝粗细的 1/20。虽然 PM2.5 只是地球大气成分中含量很少的组分，但它对空气质量和能见度等有重要的影响。与较粗的大气颗粒物相比，PM2.5 粒径小，富含大量的有毒、有害物质，既是一种污染物，又是重金属等有毒物质的载体，为呼吸道传染病的传播推波助澜。颗粒物中 1 微米以下的微粒沉降速度慢，PM2.5 在大气中的停留时间长、输送距离远，因而对人体健康和大气环境质量的影响更大。所以颗粒物的污染往往波及很大区域，甚至成为全球性的问题。

2012 年 2 月，国务院同意发布新修订的《环境空气质量标准》，增加了 PM2.5 监测指标。

资料库

【空气质量标准】

人们通常依靠环境空气质量自动监测系统连续不断地实施监测空气中污染物的数据，经过数据处理和计算后，用空气质量指数（Air Quality Index，简称 AQI）来定量描述空气质量状况的指数，其数值越大说明空气污染状况越严重，对人体健康的危害也就越大。参与空气质量评价的主要污染物为细颗粒物（PM2.5）、可吸入颗粒物（PM10）、二氧化硫（SO_2）、二氧化氮（NO_2）、臭氧（O_3）、一氧化碳（CO）等六项。（如表 1 所示）

空气质量按照空气质量指数（AQI）大小分为六级，从一级优，二级良，三级轻度污染，四级中度污染，直至五级重度污染，六级严重污染。可见指数越大、级别越高说明污染的情况越严重，对人体的健康危害也就越大。（如表 2 所示）

表1 空气质量分指数及对应的污染物项目浓度限值

空气质量分指数(IAQI)	污染物项目浓度限值									
	二氧化硫(SO₂)24小时平均/(μg/m³)	二氧化硫(SO₂)1小时平均/(μg/m³)(1)	二氧化氮(NO₂)24小时平均/(μg/m³)	二氧化氮(NO₂)1小时平均/(μg/m³)(1)	颗粒物(粒径小于等于10μm)24小时平均/(μg/m³)	一氧化碳(CO)24小时平均/(mg/m³)	一氧化碳(CO)1小时平均/(mg/m³)(1)	臭氧(O₃)1小时平均/(μg/m³)	臭氧(O₃)8小时滑动平均/(μg/m³)	颗粒物(粒径小于等于2.5μm)24小时平均/(μg/m³)
0	0	0	0	0	0	0	0	0	0	0
50	50	150	40	100	50	2	5	160	100	35
100	150	500	80	200	150	4	10	200	160	75
150	475	650	180	700	250	14	35	300	215	115
200	800	800	280	1200	350	24	60	400	265	150
300	1600	(2)	565	2340	420	36	90	800	800	250
400	2100	(2)	750	3090	500	48	120	1000	(3)	350
500	2620	(2)	940	3840	600	60	150	1200	(3)	500

说明:
(1) 二氧化硫(SO₂)、二氧化氮(NO₂)和一氧化碳(CO)的1小时平均浓度限值仅用于实时报,在日报中需使用相应污染物的24小时平均浓度限值。
(2) 二氧化硫(SO₂)1小时平均浓度值高于800μg/m³的,不再进行其空气质量分指数计算,二氧化硫(SO₂)空气质量分指数按24小时平均浓度计算的分指数报告。
(3) 臭氧(O₃)8小时平均浓度值高于800μg/m³的,不再进行其空气质量分指数计算,臭氧(O₃)空气质量分指数按1小时平均浓度计算的分指数报告。

表1内容来自于百度.

表2 空气质量指数及相应的空气质量状况和健康建议

空气质量指数	空气质量指数级别	空气质量指数类别及表示颜色		对健康影响情况	建议采取措施
0~50	一级	优	绿色	空气质量令人满意,基本无空气污染	各类人群可正常活动
51~100	二级	良	黄色	空气质量可接受,但某些污染物可能对极少数异常敏感人群健康有较弱影响	极少数异常敏感人群应减少户外活动
101~150	三级	轻度污染	橙色	易感人群症状有轻度加剧,健康人群出现刺激症状	儿童、老年人及心脏病、呼吸系统疾病患者应减少长时间、高强度的户外锻炼
151~200	四级	中度污染	红色	进一步加剧易感人群症状,可能对健康人群心脏、呼吸系统有影响	儿童、老年人及心脏病、呼吸系统疾病患者避免长时间、高强度的户外锻炼,一般人群适量减少户外运动
201~300	五级	重度污染	紫色	心脏病和肺病患者症状显著加剧,运动耐受力降低,健康人群普遍出现症状	儿童、老年人和心脏病、肺病患者应停留在室内,停止户外运动,一般人群减少户外运动
>300	六级	严重污染	褐红色	健康人群运动耐受力降低,有明显强烈症状,提前出现某些疾病	儿童、老年人和病人应当留在室内,避免体力消耗,一般人群应避免户外活动

表2内容来自:http://www.szhec.gov.cn/pages/szepb/kqzl/MpKnowledge.html

活动1　收集相关信息，填写中国部分城市空气质量分布表

请搜索"中国天气网"或收看"天气预报"的视频，查询中国主要城市的空气质量情况，将相关数值填写在下表中。

部分城市空气质量报告

日期：　　年　　月　　日，星期

城市	污染指数	首要污染物	空气质量	空气质量状况
北京				
上海				
天津				
重庆				
哈尔滨				
长春				
沈阳				
呼和浩特				
石家庄				
济南				
南京				
合肥				
杭州				
武汉				
南昌				
长沙				
福州				
广州				
西安				
兰州				

续表

城市	污染指数	首要污染物	空气质量	空气质量状况
银川				
乌鲁木齐				
西宁				
拉萨				
昆明				
成都				
贵州				
南宁				
海口				

1. 你填写的城市中，污染指数最高的是_____市，污染指数最低的是_____市。

2. 空气质量为优的有_____

_____。

3. 北方城市和南方城市相比，空气质量更好的是_____。北方城市的首要污染物主要是_____，_____南方城市的首要污染物是_____，你认为它们受污染的原因是什么？

_____

_____

4. 你所居住的城市名称是_____市，它的空气质量状况是_____，首要污染物是_____，你认为受污染的原因是什么？

_____

_____

5. 你知道细颗粒物（PM2.5）对人体有何危害吗？它的主要来源是什么？

_____

_____

【日益枯竭的地球资源】

　　人类的生存与发展离不开地球生态系统。生态系统为我们提供赖以生存的水和食物，以及我们生产生活所需的资源、能源和住所。但是，由于人类对自然资源需求的不断增长超出了地球可承载的范围，全世界都面临着前所未有的环境挑战。

【生态足迹】

　　生态足迹是衡量人类对地球可再生自然资源需求的工具。通过计算人类所需的生物生产性土地面积来衡量人类对生物圈的需求，包括可再生资源消耗、基础设施建设和吸纳化石能源燃烧产生的二氧化碳排放（扣除海洋吸收部分）所需的生物生产性土地面积（Galli et al., 2007; Kitzes et al., 2009; and Wackernagel et al., 2002）。生态足迹用"全球公顷"单位表达，1全球公顷代表全球平均生物生产力水平下1公顷土地利用面积（图1）。

　　人类的各项活动都离不开对生物生产性土地（包括用于渔业的水域）的利用。生态足迹就是人类利用的所有生物生产性土地的总和，无论它们的位置在哪里。生态足迹的组分包括：耕地、草地、林地、渔业用地、建设用地和碳足迹（即碳吸收用地）。

碳足迹
表示扣除海洋碳吸收贡献后，吸收化石燃料燃烧排放二氧化碳所需的森林面积。

耕地
表示用来种植人类消费的食物和纤维，以及生产牲畜饲料、油料、橡胶等农产品所需的农田面积。

草地
表示支持肉、奶、毛、皮畜牧产品生产所需的草地面积。

林地
表示支持木材、纸浆、薪柴等林木产品生产所需的林地面积。

建设用地
表示交通、住房、工业构筑物、水电站水库等人类基础设施所占用的土地面积。

渔业用地
根据渔业数据推算的支持捕捞淡水与海水产品生产所需初级生产量来计算。

图 1　生态足迹的组成
数据来源：全球足迹网络，2011.

纵观历史绝大部分时期，人类使用自然资源建造城市、修筑道路、获取食物、开展生产，但二氧化碳的吸收速度仍在地球的生态预算范围内。然而慢慢地，人类开始越过临界点：消耗的自然资源开始超出地球再生资源量。

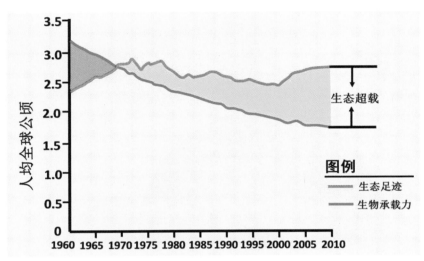

图2　1960-2010年全球人均生态足迹和生物承载力趋势

数据来源：全球足迹网络，2011.

自20世纪70年代以来，全球进入生态超载状态。此后，人类每年对地球的需求都超过了地球的可再生能力。2008年，全球生态足迹达182亿全球公顷，人均2.7全球公顷。同年，全球生物承载力为120亿全球公顷，人均1.8全球公顷，2008年全球生态赤字率达50%。这意味着在2008年人类需要一个半地球才能生产其所利用的可再生资源和吸收其所排放的二氧化碳。

正如从银行账户中取钱的速率可以高于这些钱生息的速率，人们消耗资源的速度可以超出资源的再生速度。但是，如果可再生资源的利用速率总是超过地球的资源再生速率，最终这些资源将会被耗竭。目前，当人们受到本地资源的供应限制时，往往可以从其他地方获取资源。但是，如果人类不改变过去几十年中资源消耗无限增长的趋势，整个地球的资源最终会被耗竭，一些生态系统在生物承载力被耗竭之前就会崩溃。

活动2 读图分析人口数量和人类对地球需求的趋势图

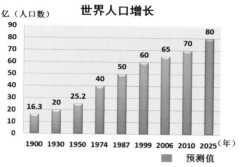

所需的地球个数

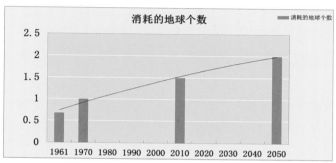

柱状图数据来源：上海版初中《地理》教材、《地球生命力报告2012》

读图要领：

上图是1900年到2050年人口数量增长图，下图是1961年到2050年人类对地球需求的变化趋势图。

由图可知：

过去几十年中，人口的数量呈现不断_____的趋势，地球资源的消耗呈现不断_____的趋势；

全球大约从_____年开始进入生态超载状态，当时的人口大约是_____亿；时至今日，全球人口超过了_____亿，至少需要_____个地球的资源才能满足人类的需求；预计到2050年，需要_____个地球才能满足人类所需，那时的人口有_____亿。

随着经济、人口的不断增长，人类对资源的需求越来越大，但地球上的资源——特别是不可再生资源的总量是有限的。

2011 年中国能源消费比重

图中数据来源：中国统计网．

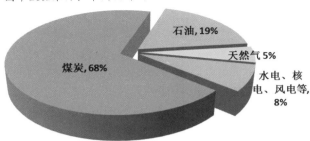

石油，19%

天然气 5%

水电、核
电、风电等，
8%

煤炭，68%

　　如图所示，现阶段，人类对不可再生资源的使用比重依旧很大，很长时间内不可再生资源仍然是无法替代的。按照现有的发展趋势，自然资源将会不断减少。

　　人类对环境资源的索取，已经接近地球承载力的极限，也对生态环境造成了极大破坏，严重地威胁着人类自身的生存。目前，过度消耗地球的生态资源所产生的影响已经日益显现。例如，生态超载造成了水资源短缺、荒漠化、水土流失、农田生产率降低、过度放牧、森林采伐、物种迅速灭绝和渔业崩溃等环境问题。

活动 3　计算我们的生态足迹

打开世界自然基金会网站，计算自己一年的生态足迹并和其他同学对比交流。

http://www.wwfchina.org/site/2013/overshoot/footprint.php

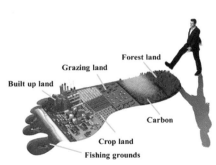

【日益加剧的全球温室效应】

近年来，地球上很多地方的冬天不再那么寒冷，冰雪少了，春天提前到来了，夏天也变得比往常更加炎热。地球"发烧"的原因归根到底是因为全球气候变暖。

资料库

【"全球变暖"的由来】

1975 年 8 月 8 日，美国哥伦比亚大学教授华莱士·布勒克在《科学》杂志上发表了一篇题为《气候变化：我们是否正处在全球变暖的紧要关头？》的论文，这是第一次有人使用"全球变暖"这一词汇。此后，全球变暖逐渐成为科学家和公众关心的科学问题。

世界气象组织（WMO）和联合国环境规划署（UNEP）于 1988 年建立了政府间气候变化专门委员会（IPCC）。IPCC 的作用是在全面、客观、公开和透明的基础上，对气候变化科学知识的现状，气候变化对社会、经济的潜在影响以及如何适应和减缓气候变化的可能对策进行评估。

2013 年 8 月 8 日，"全球变暖"这一科学术语迎来了诞生 38 周年纪念日，从当年的科学预言，到如今被全球90% 科学家认同的"不争的事实"。

活动 4 读图分析世界近百年气温变化图

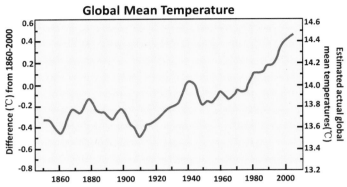

图片来源：庆承瑞《全球变暖与反变暖之争和病态科学》中的插图
网址：http://news.sciencenet.cn/htmlnews/2010/6/233862.shtm.

左边的纵坐标表示：1961–1990 年间的温度差值；
右边的纵坐标表示：估算出来的世界平均温度（℃）

由图可知：

图中记录了_____年到_____年的世界平均气温；

这段时间内，全球的气温大约_____（升高 / 降低）
了_____摄氏度；

据探测，自 19 世纪末以来，海平面平均每年上升超过
2 毫米，以 2 毫米为例，请计算从 1900 年至今，海平面上
升_____毫米；

上海是我国东部沿海经济最发达的城市，平均海拔为 4
米，请推测上海大概会在_____年被淹没。

这个推测并非危言耸听，在近 20 年间，
地球海平面上升速度是每年 3.1 ± 0.7
毫米，实际情况可能更加严重。

活动 5　方格填空

请结合以前所学的知识（第三章第四节社区低碳小当家），将相应的编号填入下列方框中。

A. 大量排放 CO_2 等温室气体

B. 大气增温

C. 大气中温室气体的浓度不断增加

D. 森林吸收的 CO_2 总量减少

E. 煤、石油和天然气等矿物燃料的大量使用

F. 温室效应不断加剧

G. 森林植被的大量破坏

H. 人口数量不断增多

I. 经济水平不断提高

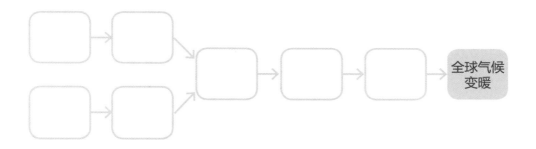

【日益兴起的环保活动】

近年来，随着世界经济的飞速发展，世界上的环境问题、资源问题和生态问题日益突出，引起了各国政府和人民的高度重视。国内外许多有识之士已经认识到这些，加入公益事业已成为众多人社会责任的强烈意愿，他们成立了许多环保组织，并开展了一系列的环保公益活动，为保护我们生存的地球而努力。

【认识 WWF】

世界自然基金会（WWF）是在全球享有盛誉的、最大的独立性非政府环境保护组织之一。

WWF1961 年成立，总部位于瑞士格朗。"WWF"起初代表"World Wildlife Fund"（世界野生动植物基金会）。1986 年，WWF 认识到这个名字不能完全反映组织的活动，于是改名为"World Wide Fund For Nature"（世界自然基金会）。

WWF 的使命是遏止地球自然环境的恶化，创造人类与自然和谐相处的美好未来。致力于：

- 保护世界生物多样性；
- 确保可再生自然资源的可持续利用；
- 推动降低污染和减少浪费性消费的行动。

WWF 在全世界超过 80 个国家有办公室、拥有 2500 名全职员工，并有超过 500 万名志愿者。从成立以来，WWF 共在超过 150 个国家投资超过 13000 个项目，资金近 100 亿美元。这些项目大多数是基于当地问题。项目范围从赞比亚学校里的花园到印刷在您当地超市物品包装上的倡议，从猩猩栖息地的修复到大熊猫保护地的建立。

WWF 在中国的项目领域也由最初的大熊猫保护扩大到物种保护、淡水和海洋生态系统保护与可持续利用、森林保护与可持续经营、可持续发展教育、气候变化与能源、野生物贸易、科学发展与国际政策等领域。

【地球 1 小时活动】

"地球 1 小时"（EarthHour）是世界自然基金会（WWF）应对全球气候变化所提出的一项倡议。呼吁个人、社区、企业和政府在每年 3 月最后一个星期六 20:30–21:30 熄灯 1 小时，展示公众对达成全球新的应对气候变化协议的支持，用全球性的努力一起来应对气候变化。

自世界自然基金会于 2007 年首次在悉尼倡导后，"地球 1 小时"便以惊人的速度席卷全球。至今已有 147 个国家和地区参加，超过 5000 座城市的地标性建筑的灯光陆续熄灭。中国参与活动的城市达到 124 个。在每年 3 月的那一刻，数十亿的地球公民以久违的沉静姿态为应对全球气候变暖尽职。鸟巢的灯光熄灭了。东方明珠的灯光熄灭了……作为全球至今为止最大规模的环境保护活动。你参加了吗?

资料来源：http://www.nipic.com/show/4389024.html.

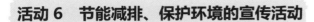
活动 6 节能减排、保护环境的宣传活动

学习"地球 1 小时"活动经验，在自己学校或学校附近的社区，以小组为单位，分工合作，开展一次节能减排、环境保护的宣传活动。可以从以下方面选择一个专题：

- 提高居民素质，养成有利于环境的良好习惯；
- 减少资源的浪费，回收可利用的"废物"；
- 不乱扔垃圾，将垃圾进行分类投放；
- 废物利用"变废为宝"的 Diy 制作

......

目的在于引起你们身边的人对保护地球家园的重视，每个人能从自身做起，愿意加入到保护环境的队伍中来。可将专题目的、活动内容、实施过程和实际效果记录在下面的表格中。

专题：_____

专题目的	
活动内容	
实施过程	
实际效果	

如果同学和老师觉得自己的活动有创意、有创新，请将自己的活动内容发邮件给中国绿色校园学组和国际绿色校园联盟（IGCA）网站 www.greencampus.org.cn 上的联系邮箱，你们的活动就有可能被推荐到网站上，向全世界公布呢！

地球只有一个。如果人类不改变过去几十年中资源消耗无限增长的趋势，整个地球的资源最终会被耗竭，人类终将逝去赖以生存和发展的家园。由此可见，保护地球家园，就是保护人类自己，每一个地球公民都应该积极地加入到保护地球家园的队伍中来。

"第二节
地球公民的环境责任

　　2013 年 9 月 27 日，瑞典斯德哥尔摩当地时间早上 10 点，政府间气候变化专门委员会（IPCC）第五次评估报告自然科学基础部分的决策者摘要报告发布。

　　该报告显示，自 1951 年，科学家们现在比以往任何时候更确定人类活动应该对全球变暖负责，科学家们 95% 到 100% 肯定是人类活动，造成了自 1950 年代以来的大部分气候变化问题。

新闻节选自 21 世纪网：《IPCC 第五版报告正式发布 全球变暖源于人类活动》http://epaper.21cbh.com/html/2013–10/01/content_78704.htm?div=−1.

IPCC 报告斯德哥尔摩发布现场

资料来源：http://www.climatechange2013.org/images/uploads/ipccStockholm230913_13.jpg.

资料库

政府间气候变化专门委员会（IPCC）是一个附属于联合国之下的跨政府组织，在 1988 年由世界气象组织、联合国环境署合作成立，专责研究由人类活动所造成的气候变迁。它的作用是在全面、客观、公开和透明的基础上，对气候变化科学知识的现状，气候变化对社会、经济的潜在影响以及如何适应和减缓气候变化的可能对策进行评估。

【积极承担环境责任】

全球变暖只是环境变化的一种表现，由于人类过度消耗地球的生态资源所产生的影响直接关系着人类的存亡。我们每一个人都是一个"地球公民"，在享有地球资源的同时，也必须承担起保护地球家园的责任。

学校是我们共同学习和生活的一个场所。通过参与创建绿色校园，我们可以竭尽所能地节约资源，力争做一个低碳达人，从而为减缓全球变暖做出自己的贡献。

资料库

【全球青少年环境公约】

环境是人类生存的基础，越来越多的事实证明环境的恶化给人类的生活带来严重的灾难。如何保护环境，实现社会的可持续发展，是地球上每一个人都必须认真考虑的问题，作为 21 世纪的地球公民，我们有责任共同努力，为我们的子孙后代留下一个美好的世界。如果你珍爱你的家园，请签署这份公约。

一、必须做到

1. 不要到处乱丢垃圾，要把它们丢进果皮箱里，如果附近没有果皮箱，也不要乱扔，你可以在身边带一个小的垃圾袋，用它来盛放垃圾，再一起丢进果皮箱。

2. 如果你所在的地区或学校已进行了垃圾分类，你要积极参与，对垃圾进行分类。

3. 不要浪费，你应拒绝过度包装的商品，双面使用纸张，并且买你必需的东西，因为在你买不必要的商品时，不仅浪费了钱，还浪费了资源。最重要的是要从身边的小事做起，从不浪费一滴水、一粒米、一分钱做起。

4. 积极使用可再利用的用品。如：你应把你读过的课本或健康的书籍送给穷苦的孩子们；把自己还完好的衣服送给弟弟或妹妹穿。

5. 如果你发现身边有破坏环境的行为发生，你应提醒他（她），说服他（她）不要再这样做。

6. 爱护野生动植物。不要吃野生的动物或植物，并提醒他人也不要这样做。

二、尽力做到

1. 尽量减少使用一次性用品。如：你可以自带无毒害金属制造的餐具，来代替一次性餐具。

2. 你应让每滴水都变得有价值，也就是说，你应尽量多次地使用每一滴水。比如：你可以用洗过手的水拖地板等。

3. 尽自己所能，综合使用旧商品，变废为宝。

4. 阻止别人做破坏环境的事情。

5. 减少私车使用，尽量乘公交车。

在我们的日常生活中，有许多小事都会对环境造成破坏。这些一点一滴的小事，会影响我们的生活，甚至可以结束地球的生命。地球不是你的，也不是我的，而是我们从我们后代手中借来的！因比，我们有义务从现在开始，保护环境，捍卫我们共同的家园。

活动1　绿色校园设施之我见

结合前面三章所学的内容，你认为绿色校园应该具备哪些环境设施呢？为什么？

花草树木＿＿＿＿＿＿

垃圾房＿＿＿＿＿＿

停车库＿＿＿＿＿＿

操场＿＿＿＿＿＿

宣传标语＿＿＿＿＿＿

特色景观＿＿＿＿＿＿

电梯＿＿＿＿＿＿

门卫室＿＿＿＿＿＿

绿色能源＿＿＿＿＿＿

活动 2　设计和绘制理想的校园环境

　　参考活动 1 中的选择，运用绿色校园的相关科学知识，发挥想象，用手中的彩笔，设计一个你心目中的绿色校园，并写出你的设计理念，与同学们分享。你可以从教室、办公室、校园和周边社区中选取一个或几个方面进行创作。

我理想中的绿色校园

我的设计理念

活动 3　校园现状调查

　　如果你所在的学校计划争创绿色校园，请尝试用下面的问卷了解校园现状。这个过程中，你需要和同学们合作，访问学校的校长、老师及后勤管理人员，获得尽可能多的信息，并将问卷调查的结果反馈给全校的师生员工。

【校园现状调查问卷】

1. 学校在校学生人数为_____人，校园面积约_____平方米，生均学校用地为_____平方米／人_____（大于、小于或等于）28.8 平方米；绿化面积约_____平方米，学校绿地率为_____％，_____（大于、小于或等于）35%。

2. 学校_____（有／没有）周长不少于 200 米的操场，操场上的平均气温是_____摄氏度，教室内的平均气温是_____摄氏度，学校的热岛强度是_____摄氏度_____（大于、小于或等于）1.5 摄氏度。

3. 你觉得学校是一个_____的学习环境。（可多选）
□健康 □风景宜人 □安全 □空气清新 □安静

4. 学校有_____个环保类的兴趣小组或学生社团？
□1 个 □2 个 □3 个以上 □不清楚

5. 学校 1 年内开展过_____次环保活动？是关于_____方面的。
□节约能源 □节约用水 □节约用地 □节约材料
□其他_____

6. 你是否在课堂上学过一些有关环保的知识和理念？
□学习了很多 □学习了一点 □没有学习过

7. 你是否和家人一起分享过学校里学到的环保知识和理念？
□经常分享 □偶尔分享 □没有分享过

8. 校园内_____（有／没有）通过宣传画、黑板报、校园网等形式宣传绿色校园的创建活动？如果有，内容有关于_____方面的。
□节约能源 □节约用水 □节约用地 □节约材料
□其他_____

9. 你觉得学校还可以增加哪些关于创建绿色校园的宣传活动？
_____

10. 你对学校创建绿色校园有什么具体的意见和建议？
_____

活动4 创建绿色校园倡议书

以小组为单位，讨论制定一份给全校师生员工的"创建绿色校园倡议书"。为了创建绿色校园，在教室、在办公室、在校园、在学校周边社区，我们可以做些什么？

【创建绿色校园的倡议书】

教室：
1.
2.
3.
4.
5.

办公室：
1.
2.
3.
4.
5.

校园：
1.
2.
3.
4.
5.

周边社区：
1.
2.
3.
4.
5.

　　创建绿色校园需要综合学校各个部门员工、每一位师生以及周边社区的共同努力。大家相互协作，携手共建，就能够为绿色校园的创建添一份力，使低碳环保的知识和理念扎根我们的校园。

　　创建绿色校园只是保护地球家园中的一小步，但是，不要小看这一小步，如果每个人都勇敢坚定坚持的迈出这一步，我们就能积少成多，从校园把这份伟大的环保之力扩散到我们生活的社区、我们居住的城市、最终扩散到整个地球家园。把单薄的个人之力汇聚起来就是巨大的团结之力，地球家园的明天，人类的明天，需要我们每一个人的参与！

　　也许只要平时少用一双一次性筷子、少丢一份垃圾、节约用纸、及时地关闭电源和水源等等就能拯救家园；科学家们积极地开发出新能源、媒体做好节能环保的宣传工作，教师家长做好教育工作，工厂做好节能减排工作……就这么简单，只要每个人都出一分力，地球家园就会更加美好。

学习收获

1. 你所居住的城市今天的空气质量状况是＿＿＿＿，首要污染物是＿＿＿＿＿＿＿，请从以下语句中选出你认为空气被污染的原因。

二氧化碳排放　汽车尾气排放　工业废气排放　风力较小　北方城市燃烧煤炭供暖　大量森林被砍伐　私家车数量日益增加　多晴天　多阴雨　建筑工地产生大量灰尘　人口密集

＿＿＿＿＿＿＿＿＿＿＿＿＿＿＿＿＿＿＿＿＿＿＿＿＿＿

＿＿＿＿＿＿＿＿＿＿＿＿＿＿＿＿＿＿＿＿＿＿＿＿＿＿

＿＿＿＿＿＿＿＿＿＿＿＿＿＿＿＿＿＿＿＿＿＿＿＿＿＿

2. 导致全球气候变暖的原因有自然和人为原因，但人为原因起到了加剧的作用。你觉得造成全球气候变暖的人为原因有哪些？

＿＿＿＿＿＿＿＿＿＿＿＿＿＿＿＿＿＿＿＿＿＿＿＿＿＿

＿＿＿＿＿＿＿＿＿＿＿＿＿＿＿＿＿＿＿＿＿＿＿＿＿＿

＿＿＿＿＿＿＿＿＿＿＿＿＿＿＿＿＿＿＿＿＿＿＿＿＿＿

3. 人类对环境资源的索取，已经接近地球承载力的极限，也对生态环境造成了极大破坏，严重地威胁着人类自身的生存。目前，过度消耗地球的生态资源所产生的影响已经日益显现。请选出你认为是因为生态资源被破坏而造成的环境问题。

全球气候变暖　水资源短缺　草场退化　森林面积萎缩　物种迅速灭绝　水土流失严重　渔业崩溃　空气污染　地面凹陷　垃圾围城

＿＿＿＿＿＿＿＿＿＿＿＿＿＿＿＿＿＿＿＿＿＿＿＿＿＿

＿＿＿＿＿＿＿＿＿＿＿＿＿＿＿＿＿＿＿＿＿＿＿＿＿＿

＿＿＿＿＿＿＿＿＿＿＿＿＿＿＿＿＿＿＿＿＿＿＿＿＿＿

4.学校是我们共同学习和生活的场所。通过参与创建绿色校园，我们可以竭尽所能地节约资源，力争做一个低碳达人，从而为拯救危机四伏的地球母亲贡献一分力量。你所在的学校符合绿色校园的要求吗？你觉得还有哪些地方需要改进？

_____

_____

_____

5.作为一个地球公民，你在生活和学习中做过哪些保护地球环境的行为？

_____

_____

_____